"散乱污"企业遥感动态监管技术及应用

王桥 厉青 王中挺 乔琦 平凡 等／著

中国环境出版集团·北京

图书在版编目（CIP）数据

"散乱污"企业遥感动态监管技术及应用/王桥等著.
—北京：中国环境出版集团，2022.5
ISBN 978-7-5111-5099-8

Ⅰ．①散… Ⅱ．①王… Ⅲ．①卫星遥感—应用—
企业环境管理—环境监测—中国 Ⅳ．①X322.2

中国版本图书馆 CIP 数据核字（2022）第 048937 号

出 版 人 武德凯
责任编辑 丁莞歆
责任校对 薄军霞
封面设计 宋 瑞

出版发行 **中国环境出版集团**
（100062 北京市东城区广渠门内大街 16 号）
网 址：http://www.cesp.com.cn
电子邮箱：bjgl@cesp.com.cn
联系电话：010-67112765（编辑管理部）
010-67147349（第四分社）
发行热线：010-67125803，010-67113405（传真）
印 刷 北京中科印刷有限公司
经 销 各地新华书店
版 次 2022 年 5 月第 1 版
印 次 2022 年 5 月第 1 次印刷
开 本 787×1092 1/16
印 张 11.25
字 数 250 千字
定 价 86.00 元

前言

　　"散乱污"企业在我国很多地方都存在，具有量大面广、规模小、分布散、布局乱、污染重的特点，对环境造成了明显影响。大部分"散乱污"企业不在生态环境部门的环境统计、环保档案和监管视线之中，成为环境监管的一个"空白区域"和难点。"散乱污"企业的布局没有统一规划，从工厂或作坊排出的污染物不但影响了周边群众的身体健康，而且影响了人们的日常生活，脏乱差的环境成为环保投诉的热点问题。这些企业获取的是一己私利，牺牲的却是大多数人的利益。习近平总书记指出，在生态环境保护上一定要算大账、算长远账、算整体账、算综合账，不能因小失大、顾此失彼、寅吃卯粮、急功近利。从大局和长远考虑，对"散乱污"企业进行动态监管是对国家生态环境和群众福祉负责任的重要体现。《大气污染防治行动计划》发布以来，随着环境保护对科学化、精细化要求程度的不断加强，对"散乱污"企业的监管技术也提出了更高的要求。近年来，卫星遥感技术被广泛用于大气环境监管，随着多技术综合应用研究的拓展，以卫星遥感技术为基础，与车载光学遥测、地面空气质量监测、污染源在线监测等相结合的综合技术手段成为对"散乱污"企业进行监管的一种新的业务化监管模式，此种模式在大中型企业监管方面也有巨大的应用价值。

　　本书共 6 章，由王桥、厉青、王中挺、乔琦、平凡等著。第 1 章介绍了"散乱污"企业判定及状况分析，由王桥、乔琦、孟立红、智静、张玉环、马鹏飞、陈翠红、翁国庆等撰写完成；第 2 章介绍了"散乱污"企业集群污染物空间分布及分析关键技术，由王中挺、刘诚、陶金花、汪太明、陈辉、胡启后、苏文静、张连华、王雅鹏、余超、侯玉婧、张霞、宋雁南等撰写完成；第 3 章介绍了"散乱污"企业集群监管动态网格构建关键技术，由马鹏飞、汪太明、陈辉、侯玉婧、张霞、宋雁南、胡奎伟、陈翠红、张玉环、赵爱梅等撰写完成；第 4 章介绍了"散乱污"企业判别及监管技术，由平凡、谢品华、左德山、陈敏、李璐、王延龙、张连华、张玉环、胡奎伟、谢品华、李昂、秦敏、徐晋、胡肇焜、王玉、赵少华等撰写完成；第 5 章介绍了"散乱污"企业环境强化管控关键技术，由乔琦、杨晓松、孟立红、智静、陈国强、邵立南、张丽娟等撰写完成；第 6 章介绍了"散乱污"企业动态监管应用示范，由陈辉、张丽娟、赵爱梅、周春艳、毛慧琴、冯德财、孙永尚、翁国庆、张连华、胡奎伟、王延龙、赵少华、王玉等撰写完成。全书由厉青、王中挺、陈辉、张丽娟、毛慧琴统稿，王桥、厉青定稿。

本书介绍的成果是在生态环境部领导的高度重视和各相关部门的指导帮助下取得的，主要是国家大气重污染成因与治理攻关项目排放现状评估和强化管控技术专题中的"散乱污"企业动态监管技术及应用研究课题的研究及应用成果，在此衷心感谢生态环境部及各有关部门、国家相关部门对此项工作的大力支持，同时对参加"散乱污"企业动态监管技术及应用研究课题的合作单位——中国环境科学研究院、中国环境监测总站、中国人民解放军 61646 部队、中国科学技术大学、中国科学院空天信息创新研究院、中国科学院合肥物质科学研究院、矿冶科技集团有限公司、中科星图股份有限公司的技术人员表示衷心的感谢！此外，本书的撰写还参考了大量国内外专家学者的研究成果，这里一并表示感谢！

由于"散乱污"企业动态监管技术及应用在我国尚处于起步阶段，本书涉及的很多内容均属初次探索，不足之处恳请专家和广大读者批评指正。

作　者

2020 年 11 月于北京

目录

第 1 章

"散乱污"企业判定及状况分析

1.1 概述

通过分析研究,本书确立了"散乱污"企业定义及判定指标体系。通过分析企业发展的历史与现状,弄清了区域内"散乱污"企业的分布、行业及环境影响分类状况。

1.2 "散乱污"企业定义及判定方法

1.2.1 "散乱污"企业定义

"散乱污"企业是指不符合产业结构调整方向、不符合空间布局规划,或发改、土地、规划、环保、工商、质监、安监、电力等相关审批手续不全,且污染物的排放显著高于行业平均水平,无法达到环境保护要求的工业企业。这些企业具有不符合产业结构调整方向、不符合空间布局规划、相关审批手续不全、污染物排放强度显著高于行业平均水平等特征,无法达到环境保护的要求,往往以牺牲环境为代价获得企业利润[1]。本书的"散乱污"企业特指排放大气污染物的"散乱污"企业。

1.2.2 "散乱污"企业判定方法

"散乱污"企业的本质是污染企业,判定一个企业是否属于"散乱污",需要在"散、乱"纷繁多样的表现形式下把握住"污"的关键特征。属于"散而不污""乱而不污"的企业，如批发零售商店、日用产品修理、日用家电维修、废品收购点等，以及"污但不散乱"的企业不应纳入"散乱污"企业治理范围[2]。

具体判定方法包括两个方面。一方面，在法律和政策框架下对"散"和"乱"进行判定。违法情节包括项目不符合产业政策，项目选择不符合功能区定位，未依法取得经批准的环境影响报告书或报告表、排污许可证等，超过污染物排放标准排放污染物，通过不正常运行防治污染设施逃避监管等。另一方面，通过污染物排放强度考察"污"的程度——对环境的影响程度，这是判定"散乱污"企业的核心。环境影响评估具有相对性，与行业产污特征、区域生态环境保护重点等相关，同时还需要充分考虑不同地区的产业结构基础、产业升级的动态性及数据的可获得性。判定过程需要根据行业产污特征选择特征污染物，如二氧化硫（SO_2）、氮氧化物（NO_x）、挥发性有机物（VOCs）、气态汞、气态铅等，并结合企业经济产出情况计算污染物排放强度（表 1-1），再将计算结果与本地区同行业平均水平或者《排污许可证申请与核发技术规范》《污染源源强核算技术指南》等文件中的相关指标进行对比，进而判断企业对环境的影响程度。

表 1-1　企业环境影响程度判定指标

	指标	单位
环境影响程度	单位产值 SO_2 排放量	kg/万元
	单位产值 NO_x 排放量	kg/万元
	单位产值 VOCs 排放量	g/万元
	单位产值气态汞排放量	g/万元
	单位产值气态铅排放量	g/万元

1.3　"散乱污"企业状况分析

通过研究分析"2+26"城市"散乱污"企业发展的历史与现状，本书厘清了"散乱污"企业的分布、行业及环境影响分类状况。

1.3.1　"散乱污"企业分布情况

"散乱污"企业存在的历史原因是当时合法企业在整装生产过程中所需的原辅材料、

零配件等必需的前段产品在生产、加工或配给链条中供应不到位，或者现有合法企业的产品供给未能满足大型企业整装生产的需要。2016 年开展"散乱污"企业专项整治以前，"2+26"城市的"散乱污"企业共 6 万余家。其中，河北占比 49%，山东占比 25.8%，河南占比 12.7%（图 1-1）。

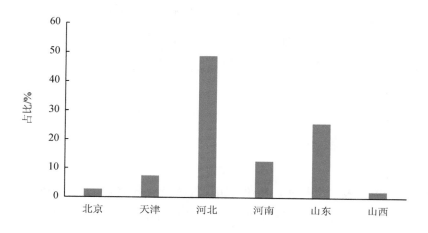

图 1-1　"2+26"城市"散乱污"企业统计

在城市层面，"散乱污"企业数量占比超过 10%的城市有邯郸、保定、淄博（表 1-2）。

表 1-2　"2+26"城市"散乱污"企业统计

城市	占比/%	城市	占比/%
北京	2.78	安阳	1.55
天津	7.55	濮阳	2.40
石家庄	8.79	焦作	1.09
唐山	1.95	太原	1.07
邯郸	13.54	阳泉	0.24
保定	11.17	晋城	0.40
沧州	3.07	长治	0.50
廊坊	5.57	济南	3.33
衡水	2.33	济宁	0.96
邢台	2.53	淄博	10.81
郑州	5.10	聊城	4.17
开封	1.05	德州	3.69
新乡	0.97	滨州	0.89
鹤壁	0.49	菏泽	2.00

　　2017 年年初，环境保护部组织开展了京津冀及周边地区（包括京津冀大气污染传输通道中的河北、河南、山西、山东及北京、天津）大气污染防治强化督查工作，调配各地执法人员对该地区大气污染防治落实情况进行督导，其中将各地"散乱污"企业的排查、取缔情况作为督导重点，对"散乱污"企业违法情况进行专项打击。近年来，在高压形势下，"散乱污"企业的整治效果明显，不符合相关政策规定的有关企业基本清零，但因"散乱污"企业的开工门槛较低且流动性强，要巩固现有的整治成效，一方面要防止"散乱污"现象反弹，出现新"散乱污"企业；另一方面要将由"散乱污"企业改造成的中小型企业纳入日常环境监管。

1.3.2　"散乱污"重点行业

　　"散乱污"企业涉及多个行业，按照《国民经济行业分类》（GB/T 4754—2017）划分，包括非金属矿物制品业，金属制品业，橡胶和塑料制品业，木材加工和木竹藤棕草制品业，家具制造业，居民服务、修理和其他服务业，专用设备制造业，批发零售业，通用设备制造业，石油煤炭及其他燃料加工业，化学原料和化学制品制造业，废弃资源综合利用业，皮革、毛皮、羽毛及其制品和制鞋业在内的 13 个行业的企业数量累计占比超过 75%，其中非金属矿物制品业、金属制品业、橡胶和塑料制品业、木材加工和木竹藤棕草制品业、家具制造业这 5 个行业的企业数量占比累计超过 50%（图 1-2、图 1-3）[2]。

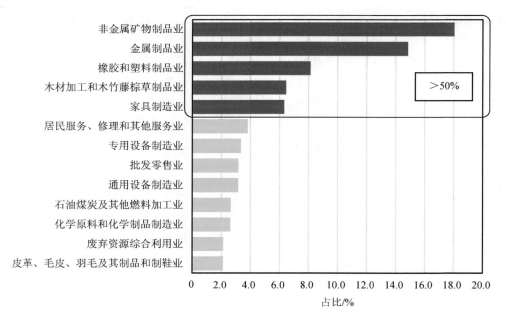

图 1-2　"散乱污"企业占比超过 75% 的行业统计

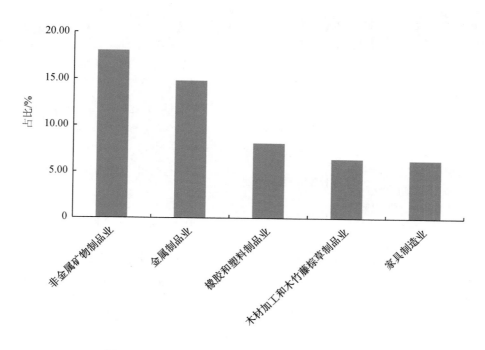

图 1-3 "散乱污"企业占比最高的 5 个行业统计

1.3.3 "散乱污"企业对大气环境的影响

企业对大气环境的影响与其生产特点、产排污特征和企业数量密切相关。依据"散乱污"企业数量和行业分布,结合行业产排污特征[3-6],本书将"散乱污"企业中的 13 个重点管控对象分为 3 类:①对空气质量无明显影响或影响很小的,占整治企业总数的 7.22%;②对空气质量产生一定影响的,占整治企业总数的 8.13%;③对空气质量产生显著影响的,占整治企业总数的 53.84%(表 1-3)。其他非重点管控行业占 30.81%。

表 1-3 "散乱污"企业对大气环境的影响分类

企业分类	对大气环境的影响	主要行业类别	典型企业类型	企业数量占比/%
第一类	基本无影响,属于"散"和"乱"型企业	批发零售业,居民服务、修理和其他服务业等;废弃资源综合利用业	批发零售商店、日用产品修理、日用家电维修、废品收购点等	7.22
第二类	具有一定影响,以生产过程中无组织排放的粉尘为主	石油煤炭及其他燃料加工	煤球、煤泥、煤块等加工,煤场等	8.13
		通用设备制造业、专用设备制造业	小型、轻型设备的元件、齿轮、轴承、零部件生产等	

企业分类	对大气环境的影响	主要行业类别	典型企业类型	企业数量占比/%
第三类	具有显著影响，窑炉使用过程中会产生粉尘、SO_2和NO_x，工艺过程中无组织排放粉尘、VOCs、恶臭及有毒有害物质	金属制品业	金属零件、工具、容器、门窗和铸铁件、铸钢件加工生产等	53.84
		非金属矿物制品业	砂石料、水泥、商砼、石灰、石膏及其制品、耐火材料、砖瓦、建筑玻璃和陶瓷、碳素生产等	
		橡胶和塑料制品业	废旧橡胶和塑料的切片、造粒、制丝等	
		木材加工和木竹藤棕草制品业	锯材、木片、胶合板加工等	
		家具制造业	木质和金属家具制造	
		化学原料和化学制品制造业	洗涤用品、日化用品、油漆生产等	
		皮革、毛皮、羽毛及其制品和制鞋业	制革、制鞋、皮具生产加工等	

参考文献

[1] 彭菲，於方，马国霞，等. "2+26"城市"散乱污"企业的社会经济效益和环境治理成本评估[J]. 环境科学研究，2018，31（12）：1993-1999.

[2] 智静，乔琦，李艳萍，等. "散乱污"企业定义及分类管控方法框架[J]. 环境保护，2019，47（20）：46-50.

[3] 成国庆. 河北省重点行业 VOCs 排放现状及减排潜力研究[D]. 石家庄：河北科技大学，2016.

[4] 王洪昌，朱金伟，束韫，等. 我国大气污染物可持续深度控制技术需求方向分析[J]. 环境工程技术学报，2015（3）：180-185.

[5] 王彦超，蒋春来，贺晋瑜，等. 京津冀及周边地区水泥工业大气污染控制分析[J]. 中国环境科学，2018（10）：3683-3688.

[6] 洪沁，常宏宏. 家具涂装行业 VOCs 污染特征分析[J]. 环境工程，2017（5）：82-86.

第2章

"散乱污"企业集群污染物空间分布及分析关键技术

2.1 概述

本章综合利用中分辨率成像光谱仪（MODerate-resolution Imaging Spectroradiometer，MODIS）、臭氧（O_3）监测仪（Ozone Monitoring Instrument，OMI）等国内外多源卫星遥感数据，研究了优化 O_3 等污染气体和甲醛（HCHO）、乙二醛（CHOCHO）等 VOCs 成分的遥感反演算法，并基于灰霾、颗粒物、二氧化氮（NO_2）、SO_2 等大气污染物的业务化监测流程，通过对时间序列的污染物单指标或多指标遥感反演结果的叠加分析，构建了区域大气环境污染高发指数模型及计算方法，开展了基于大气环境污染高发指数的"散乱污"企业集中区空间分布分析，以支撑基于卫星遥感的"散乱污"企业及"散乱污"企业集群的动态监管。

2.2 灰霾、颗粒物、NO_2、SO_2 等大气污染物的业务化监测

2.2.1 灰霾卫星监测

灰霾天的遥感监测是根据灰霾气溶胶在可见光、近红外、中红外和热红外等电磁波段

的反射与发射特征，先利用深蓝算法[1, 2]从 MODIS 数据中遥感反演得到灰霾光学厚度，然后假定灰霾消光系数随高度的增加呈负指数减小，结合边界层高度（height of plantary boundary layer，HPBL）从灰霾光学厚度计算得到近地面消光系数，再利用 Koschmieder 公式[3]将近地面消光系数转换为水平能见度，最后根据水平能见度和气象资料来综合判定是否为灰霾天。在上述计算过程中，气象资料是从美国国家环境预报中心（National Centers for Environmental Prediction，NCEP）发布的大气再分析数据中获得的。

本书以深蓝算法为基础，利用在红波段大气反射较强（灰霾气溶胶光学厚度较大，一般大于 0.7）、地表反射较弱，假定同期的地表反射率不变，利用清晰天的地表反射率（从 MODIS 的 8 天合成地表反射率历史产品中获得），从 MODIS 的红光波段表观反射率（由于 Terra 星 MODIS 的蓝光波段条带现象明显，采用红光波段数据）出发进行灰霾的反演，得到灰霾光学厚度，根据 Koschmieder 公式从近地面消光系数 β_e 计算得到能见度，见式（2-1）：

$$V = \frac{3.912}{\beta_e}$$ 　　　　　　（2-1）

式中，β_e——近地面消光系数，km^{-1}；

　　　　V——能见度，km。

在不考虑气体吸收的情况下，β_e 包括两个部分——大气分子的消光系数 β^m_e 和气溶胶的消光系数 β^a_e。

假设大气分子和气溶胶的分布为负指数形式，近地面消光系数可以用边界层高度 H 计算，见式（2-2）和式（2-3）：

$$\tau^m = \beta^m_e H_m$$ 　　　　　　（2-2）

$$\tau^a = \beta^a_e H_a$$ 　　　　　　（2-3）

式中，τ——整层光学厚度，量纲一；

　　　　β^m_e——大气分子的消光系数，km^{-1}；

　　　　β^a_e——气溶胶的消光系数，km^{-1}；

　　　　H——边界层高度，km。

其中，大气分子的边界层高度和整层光学厚度变化较为稳定，可以利用经验公式计算得到。而气溶胶的整层光学厚度可以从遥感反演结果得到，气溶胶边界层高度则要从 NCEP 气象数据中得到。

2.2.2 颗粒物卫星监测

通过分析京津冀及周边地区"2+26"城市不同季节细颗粒物（$PM_{2.5}$）的物理成分与消光特征，可以建立"2+26"城市 $PM_{2.5}$ 浓度与光学厚度的关系模型，优化颗粒物浓度卫星反演算法。

近年来，国内外学者开展了大量利用卫星遥感技术进行近地面颗粒物遥感监测关键技术及业务化方法的研究，但大多基于气溶胶光学厚度（Aerosol Optical Depth，AOD）的区域 $PM_{2.5}$ 浓度遥感反演方法都没有考虑局部参数的变化特征，这会导致反演结果有较大的误差[4]。Hu[4]、Ma[5]和陈辉[6]等人考虑了 $PM_{2.5}$ 的时空分布变化特征，引入地理加权回归（Geographically Weighted Regression，GWR）模型，利用卫星遥感 AOD 和相对湿度（Relative Humidity，RH）、边界层高度等气象资料，并结合地面观测数据发展了 $PM_{2.5}$ 遥感反演方法模型，取得了较好的效果。相对于其他统计模型以所有数据作为一个整体进行统计回归分析，GWR 模型可以对空间上的每个点都进行回归分析，即对每个站点选取一定的带宽，对该带宽内的数据进行回归分析，从而得到空间连续分布的回归参数，可以反映出 $PM_{2.5}$-AOD 关系在空间上的变异。不少研究结果表明，与普通线性回归模型相比，GWR 模型能有效提升 $PM_{2.5}$ 的空间反演结果精度。

本书分别以 MODIS 反演的 1 km AOD 产品与相对湿度、边界层高度等气象条件参数并结合京津冀及周边地区的地面观测数据作为输入参数，根据 GWR 模型和权重函数（高斯函数）开展京津冀及周边地区的 $PM_{2.5}$ 遥感反演研究，见式（2-4）：

$$\ln PM_{2.5}\left(\mu_i, v_i\right) = \beta_0\left(\mu_i, v_i\right) + \beta_1\left(\mu_i, v_i\right)\ln AOD + \beta_2\left(\mu_i, v_i\right)\ln HPBL +$$
$$\beta_3\left(\mu_i, v_i\right)\ln\left(1 - \frac{RH}{100}\right) \tag{2-4}$$

式中，$\beta_d\left(\mu_i, v_i\right)$——第 d（d=0，1，2，3）个参数在观测点 $\left(\mu_i, v_i\right)$ 处的系数；

RH——相对湿度，量纲一；

HPBL——边界层高度，km。

2.2.3 NO_2、SO_2 卫星监测

利用卫星遥感数据能够较好地实现我国污染气体监测[7, 8]。NO_2、SO_2 等污染气体的反演可以利用太阳反向散射，从卫星观测到的反射光谱变化得到气体柱浓度，一般采用差分吸收光谱（Differential Optical Absorption Spectroscopy，DOAS）方法[9, 10]。该算法主要是

利用 NO_2、SO_2 在紫外-可见光波段的吸收带上的吸收作用随波长变化剧烈,而大气分子的瑞利散射、气溶胶的米散射随波长变化缓慢,是波长的低阶函数等特征,通过光谱分离技术将随波长快变部分与慢变部分分离,提取太阳辐射传输路径上的 NO_2、SO_2 吸收光谱信息,然后,利用模式模拟或经验公式计算得到大气质量因子(Air Mass Factor,AMF),再将有效倾斜柱浓度(Slant Column Density,SCD)转换为垂直柱浓度(Vertical Column Density,VCD)。

2.3 O_3 与 HCHO 反演算法

2.3.1 反演算法

1. O_3 遥感反演模型算法

O_3 反演主要分为三步,首先对卫星观测的光谱进行波长和辐射定标,其次通过正演模型获得模拟光强和权重函数,最后基于最优化估计算法反演 O_3 廓线[11],反演流程如图 2-1 所示。

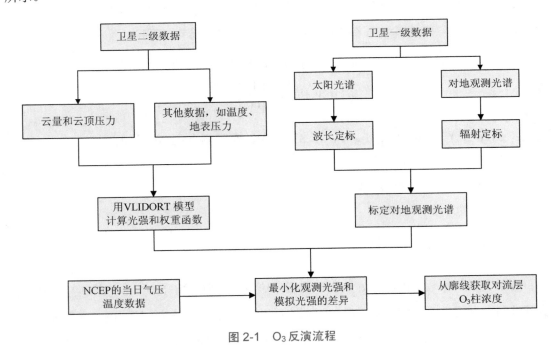

图 2-1 O_3 反演流程

（1）波长和辐射定标

受星载光谱仪温度变化、多普勒频移等的影响，卫星观测到的太阳光谱和地球反射光谱的波长通常与地面校准略有偏差，因此可通过对太阳观测到的太阳光谱和高分辨率的太阳光谱的夫琅禾费吸收峰的对比进行波长定标。由于采集到的观测光谱是通过与仪器函数卷积后得到的低分辨率光谱，因此需要把高分辨率的太阳光谱也与仪器函数卷积得到的相同分辨率下的光谱来进行拟合。狭缝函数的误差会导致反演结果偏差很大，目前可以使用参数化的狭缝函数（如高斯型等）或者实测的狭缝函数对光谱进行波长定标。

仪器每天都会采集一条对太阳观测的太阳光谱，其他都是对地观测的观测光谱。利用每天采集的太阳光谱来归一化光强。光谱是用二维电荷耦合器件（Charge Coupled Device，CCD）采集数据的，由于 CCD 的灵敏度等不同，采集到的光谱存在依赖像元位置的系统偏差，从而使反演结果存在条纹状偏差。为了消除这些偏差，需要对每一个 CCD 采集的数据进行校正，称之为辐射定标。

将用模型模拟的在实测姿态角下观测到的光强和仪器测量的光强进行对比，得到辐射校正。在辐射定标时，要求输入的参数与正演模型的相同。其中，输入的 O_3 廓线信息为微波分支探测仪（Microwave Limb Sounder，MLS）O_3 廓线数据。MLS 的 O_3 产品（ML2O3.004）是经过验证的，在模拟光强时和反演时相同，但是在辐射定标的过程中仅需要进行一次迭代就可以输出模拟光强和实测光强的结果。通过模拟光强和实测太阳谱在每一个波长维度和交轨维度上的比值可以得到一个二维的阵列，即辐射定标值[12]。

辐射定标时，需要选取一段 O_3 浓度相对稳定的时间和地区来进行计算。一般选择纬度在南北纬 15°之间、太阳高度角小于 40°、云量小于 0.1、地表反射率小于 0.1 的区域来计算辐射定标。评价辐射定标是通过对比辐射定标前后的观测光谱和模拟光谱的相对差值进行判断的。

（2）正演模型

模拟光强和权重函数通常是使用辐射传输 VLIDORT（Vector Linearized Discrete Ordinate Radiative Transfer）模型得到的。LIDORT（LInearized Discrete Ordinate Radiative Transfer）模型在模拟光强时，在假设地表和云均为朗伯体的情况下，考虑了 O_3 的吸收和瑞利散射，并将云的反射率固定为 0.8。VLIDORT 模型在 LIDORT 模型的基础上考虑了光的偏振。在反演波段内，选用约 10 个波长用 VLIDORT 模型模拟光强，同时用 LIDORT 模型模拟光强。通过比较可知，用 LIDORT 插值方法模拟的光强和全部用 VLIDORT 模拟出来的光强区别仅在 0.1%，所以采用前者的方法可以提高反演速度，节约计算成本。在模拟光强时没有考虑气溶胶，同时需要输入 O_3 廓线、O_3 吸收截面、云量、云顶压（云高）、温度廓线、地表气压、地表反射率、观测姿态角等参数。

（3）最优化估计算法

通过使用最优化估计算法来反演 O_3 廓线，其关键点是通过多次迭代反演的状态矢量，使观测光强与模拟光强先验状态矢量（X_a）和反演状态矢量（X）的平方差之和（χ^2）最小，并且需要分别用测量误差协方差矩阵（S_y）和先验误差协方差矩阵（S_a）来约束反演状态矢量和先验状态矢量。公式如下：

$$\chi^2 = S_y^{-\frac{1}{2}}\left\{K_i\left(X_{i+1} - X_i\right) - \left[Y - R\left(X_i\right)\right]\right\}_2^2 + S_a^{-\frac{1}{2}}\left(X_{i+1} - X_a\right)_2^2 \qquad (2-5)$$

式中，Y——测量的经过归一化的光强；

R——正演模型；

$R(X_i)$——第 i 次的反演状态矢量 X_i 模拟的归一化光强；

K_i——权重函数矩阵，定义为 $\dfrac{\partial R}{\partial X_i}$；

X_{i+1} 和 X_i——第 $i+1$ 次和第 i 次的反演状态矢量。

第 $i+1$ 次反演状态矢量的迭代公式如下：

$$X_{i+1} = X_i + \left(K_i^T S_y^{-1} K_i + S_a^{-1}\right)^{-1}\left\{K_i^T S_y^{-1}\left[Y - R\left(X_i\right)\right] - S_a^{-1}\left(X_i - X_a\right)\right\} \qquad (2-6)$$

反演状态矢量包含 O_3 廓线、吸收气体浓度、地表反射率、云量、波长偏移等设置的所有参数。反演状态矢量 X_{i+1} 和 X_i 的单位由上述参数的单位组成，K_i 为 X_i 单位的倒数，观测误差协方差矩阵 S_y 为量纲一，先验误差协方差矩阵 S_a 是 X_i 单位的平方。

反演过程中将大气分为 24 层，每层的气压分别为 $p_i = 2^{-\frac{i}{2}}$（$i = 0$，23）。p_{24} 被设置为大气层顶部气压。然后，读入 NCEP 的气压进行修正，除顶层外，其他层的厚度约为 2.5 km。输入的气压、温度等数据为 NCEP 的当日数据，地表高度数据来自 WGS-84 椭球数据，云高数据来自 FRESCO 反演结果。整个反演过程中都是将其他数据通过压强插值到这 24 层中的。为了分离对流层和平流层 O_3 柱浓度，读取 NCEP 的对流层气压，并将第 7 层气压插值到对流层气压上。

O_3 的吸收波段主要集中在紫外区域，在此区域内还有 SO_2、HCHO 等痕量气体的吸收。由于 VLIDORT 模型模拟的光谱没有考虑到其他气体的吸收，所以在 VLIDORT 模拟出光谱以后还需要考虑其他痕量气体的吸收。痕量气体的先验信息来自大气化学模式。观测到的光谱中还有多次散射观测到的结果等，由于多次散射等相对于气体吸收是一个低频变化过程，因此可以通过一个低阶多项式表示光的多次散射等过程。

（4）反演结果评估

平均核矩阵 A，它的第 i 行描绘了真实廓线对反演廓线的影响，反映了反演廓线对实际廓线的敏感性和垂直分辨率，见式（2-7）：

$$A = \frac{\partial X}{\partial X_T} = \left(K^T S_y^{-1} K + S_a^{-1}\right)^{-1} K^{-1} S_y^{-1} K = \hat{S} K^T S_y^{-1} K = GK \tag{2-7}$$

式中，G——增益矩阵，与状态矢量 X_i 单位一致；

K——权重函数矩阵，单位为状态矢量 X_i 单位的倒数。

平均核矩阵的对角元素和定义为信号自由度，反映了反演结果中来自测量的独立可用信息。

反演的随机噪声误差协方差矩阵 S_n 和平滑误差协方差矩阵 S_s 分别定义如下：

$$S_n = G S_y G^T \tag{2-8}$$

$$S_s = (A - I) S_a (A - I)^T \tag{2-9}$$

式中，S_n——随机噪声误差协方差矩阵，状态矢量 X_i 单位的平方；

S_s——平滑误差协方差矩阵，状态矢量 X_i 单位的平方。

2. HCHO 遥感反演模型算法

HCHO 反演主要分为 3 步：①差分斜柱浓度（Differential Slant Column Density，DSCD）反演；②通过背景值矫正将 DSCD 转换为 SCD；③通过计算 AMF 将 SCD 转换为 VCD[13]。HCHO 反演流程如图 2-2 所示。

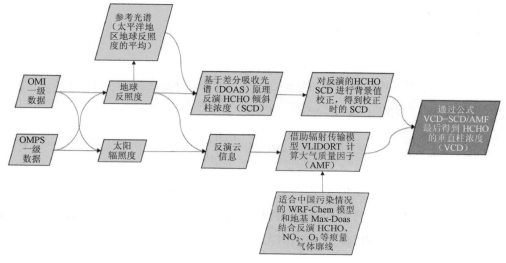

图 2-2　HCHO 反演流程

（1）反演 DSCD

根据朗伯-比尔定律 $I(\lambda)=I_0(\lambda)\cdot e^{[-\sigma(\lambda)\cdot c\cdot L]}$，太阳经过大气散射、吸收后卫星接收到的光强可以用式（2-10）表示：

$$I=\left[(aI_0+a_rX_r)e^{-\sum_j a_j X_j}\right]\times\sum_n a_n\left(\lambda-\bar\lambda\right)^n+\sum_m a_m\left(\lambda-\bar\lambda\right)^m \qquad (2\text{-}10)$$

式中，I——模拟光强；

I_0——归一化后的参考谱，量纲一；

X_r——Ring 谱的吸收截面，$cm^2/molec.$；

X_j——痕量气体 j 的吸收截面，$cm^2/molec.$；

$\sum\limits_n a_n\left(\lambda-\bar\lambda\right)^n$ 和 $\sum\limits_m a_m\left(\lambda-\bar\lambda\right)^m$——用 n 阶和 m 阶多项式描述光谱的宽带结构；

λ——波长，nm；

$\bar\lambda$——反演波段的平均波长，nm；

a_n 和 a_m——n 阶和 m 阶多项式的拟合系数；

a_r——X_r 的拟合系数。

将式（2-10）拟合得到的模拟光强和实测光强进行非线性最小二乘法拟合，得到各项的拟合系数，从而得出 HCHO 的 DSCD[14]。

（2）背景值矫正

在 DSCD 反演中，选取太平洋地区平均的地球反照度作为参考谱增加光谱的信噪比，减少反演误差，提高反演精度。但是太平洋地区由于甲烷（CH_4）的氧化仍有 HCHO 存在，所以需要对反演的 DSCD 进行背景值矫正，以获得 SCD。

（3）计算 AMF

基于大气化学模式模拟和地基测量的 HCHO 廓线作为先验廓线，用辐射传输模型模拟 AMF，从而获得大气中 HCHO 的 VCD，见式（2-11）：

$$VCD=\frac{SCD}{AMF} \qquad (2\text{-}11)$$

AMF 的计算是反演 HCHO 柱浓度的主要来源。国外官方产品用全球尺度的模型模拟痕量气体廓线计算 AMF，肯定不能兼顾到中国地区的污染情况，所以本书提出用具有小尺度、空间分辨率高且适合中国污染情况的大气化学模型及多轴差分吸收光谱仪（Multi-AXis Differential Optical Absorption Spectroscopy，MAX-DOAS）地基网络结合反演的廓线，这样可以大大提高精度[15]。

2.3.2 算法验证

1. O₃算法验证

基于对流层观测仪（TROPOspheric Monitoring Instrument，TROPOMI）反演的对流层 O_3 柱浓度（TOC）和地基 Ozonesonde 探空数据的对比，相关性（R）都在 0.7 以上（图 2-3）。另外，和位于合肥的傅里叶光谱仪（Fourier Transform Spectrometer，FTS）[16]观测的 O_3 进行了对比，相关性（R）也都在 0.7 以上（图 2-4）。

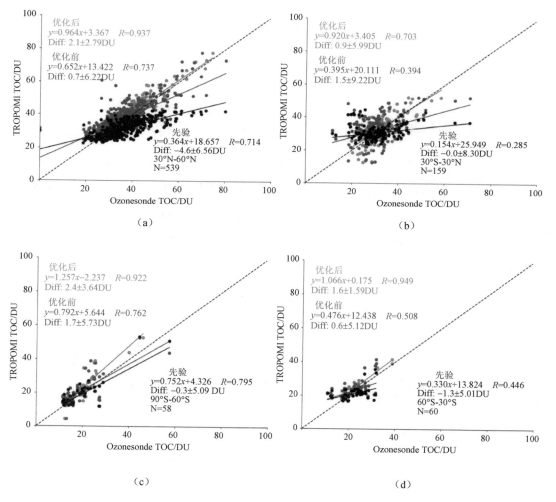

图 2-3　经过优化的 TROPOMI 卫星 O₃产品与 Ozonesonde 探空数据对比

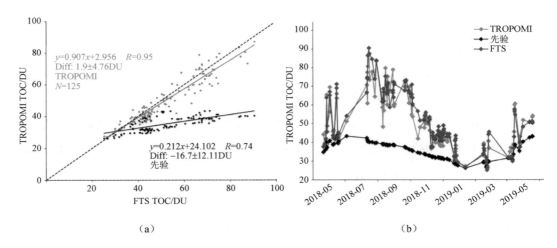

（a）　　　　　　　　　　　　　　（b）

图 2-4　经过优化的 TROPOMI 卫星 O₃ 产品与 FTS 对比

2. HCHO 算法验证

2012 年成功发射的 O₃ 成像和廓线仪（Ozone Mapping and Profiler Suite，OMPS）的空间分辨率达到 50 km×50 km，相比 2004 年发射成功的 OMI，与地基 MAX-DOAS 的相关性提高很大[17]（图 2-5）。2017 年 11 月成功发射的 TROPOMI 具有 7 km×3.5 km 的高空间分辨率，每天全球覆盖[18]，与地基 MAX-DOAS 的相关性（R^2）可以达到 0.75（图 2-6）。

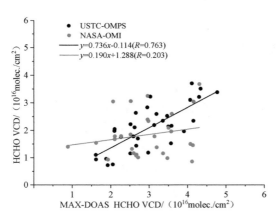

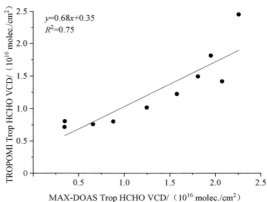

图 2-5　OMPS 卫星 HCHO 产品及经过优化的 OMPS 卫星 HCHO 产品与地基 MAX-DOAS 的对比

图 2-6　TROPOMI 卫星与地基 MAX-DOAS 观测的 HCHO 数据对比

2.3.3 示范应用

通过融合地基遥感垂直廓线的反演算法获取了 2016 年 1 月—2019 年 5 月京津冀及周边地区整层 HCHO 柱浓度和对流层 O_3 柱浓度的水平空间分布（图 2-7）。每一年 HCHO 的月均最大值都出现在 7 月，而 O_3 的月均最大值出现在 6 月或者 7 月。2017 年夏季，O_3 和 HCHO 的峰值分别为 62.1 DU（多布森单位）和 $1.68×10^{16}$ molec./cm^2，均高于 2016 年的 59.0 DU 和 $1.61×10^{16}$ molec./cm^2；2018 年夏季，O_3 和 HCHO 的峰值相对于 2017 年均有所下降，分别为 58.5 DU 和 $1.56×10^{16}$ molec./cm^2。这说明 2017 年 10 月以来的污染控制措施实施对 HCHO 和 O_3 污染峰值浓度的削减具有明显的效果。但是从年均值来看，2016 年、2017 年和 2018 年的 O_3 平均浓度分别为 44.0 DU、44.5 DU 和 45.5 DU，呈现出持续上升的趋势，与大多数地面观测结果一致，这表明虽然峰值浓度有所削减，但是 O_3 污染的总体形势仍不容乐观；2016 年、2017 年和 2018 年的 HCHO 平均浓度分别为 $1.20×10^{16}$ molec./cm^2、$1.15×10^{16}$ molec./cm^2 和 $1.24×10^{16}$ molec./cm^2，没有明显的变化趋势。

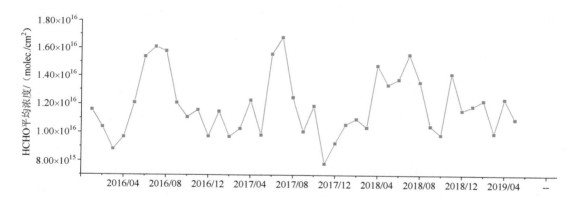

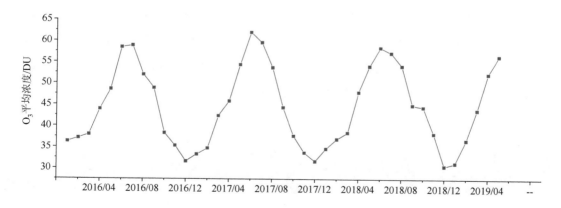

图 2-7 京津冀及周边地区 2016 年 1 月—2019 年 5 月 HCHO 和 O_3 平均浓度变化趋势

对于"2+26"城市，2017年10—12月，2018年1—5月、11月，2019年1—2月、11月、12月，HCHO高值主要分布在山东和河南的城市；2018年2月、6—9月、12月，2019年3—8月，HCHO高值主要分布在河北的城市及天津和北京，2019年9—10月、2020年1—4月，HCHO高值主要分布在河北和山东的城市；而山西的城市在HCHO观测期间在"2+26"城市中处于相对较低水平。2017年10月—2020年4月，HCHO平均浓度最高的5个城市为天津、濮阳、开封、菏泽、廊坊，平均浓度最低的5个城市为太原、阳泉、长治、晋城和焦作。对于O_3而言，2017年10—12月，2018年1月、3—5月、8月、10月、11月，2019年1—5月、9—12月，2020年1—4月，O_3高值主要分布在河南和山东的城市；2018年6—7月、2019年6—7月，O_3高值主要分布在河北和山东的城市；2018年2月和9月，各城市的O_3高值分布较为平均；而北京和山西的城市在O_3观测期间在"2+26"城市中处于相对较低水平。2017年10月—2020年4月，O_3平均浓度最高的5个城市为菏泽、开封、济宁、郑州、焦作，平均浓度最低的5个城市为阳泉、太原、北京、长治和石家庄。总体来看，开封、菏泽和濮阳的O_3和HCHO污染都较为严重。由于HCHO和O_3都是二次污染物，HCHO来自VOCs在大气中的光化学降解，O_3由VOCs和NO_x在大气中的光化学反应生成，因此这些地区存在"散乱污"企业，尤其是化工、油漆等高VOCs排放企业聚集区的可能。

为评估污染控制效果，我们选取了项目实施（2017年10月）前后的年平均浓度进行对比（表2-1）。与项目实施前相比，除太原等城市2017年10月—2018年9月的O_3平均浓度相对于2016年10月—2017年9月略有升高外，大部分城市的O_3平均浓度均有所降低，其中安阳、鹤壁、衡水、天津和濮阳5个城市的降幅最大。而HCHO的污染控制效果不明显，"2+26"城市中，有17个城市的HCHO平均浓度有所上升，其中石家庄、晋城、郑州、开封、濮阳等城市的升幅较大，沧州、衡水、德州和唐山4个城市的HCHO浓度降低最为明显。HCHO和O_3的浓度变化表明，区域VOCs的控制效果不好，但是O_3的控制效果明显。O_3浓度的降低可能得益于NO_x的减排。相比2017年10月—2018年9月，2018年10月—2019年9月"2+26"城市的HCHO和O_3浓度均有所上升。

表2-1 项目实施前后"2+26"城市HCHO和O_3的VCD比值

	2017/10—2018/09：2016/10—2017/09		2018/10—2019/09：2017/10—2018/09	
	HCHO	O_3	HCHO	O_3
北京	1.04	0.98	1.19	1.04
天津	0.97	0.97	1.08	1.08
石家庄	1.09	1.01	1.02	1.07

	2017/10—2018/09 : 2016/10—2017/09		2018/10—2019/09 : 2017/10—2018/09	
	HCHO	O_3	HCHO	O_3
保定	0.97	0.98	1.00	1.04
廊坊	0.96	0.99	1.12	1.07
唐山	0.95	0.99	1.05	1.05
沧州	0.91	0.99	1.10	1.06
衡水	0.92	0.96	1.12	1.05
邢台	1.01	1.00	1.11	1.07
邯郸	1.02	0.98	1.12	1.09
太原	1.02	1.01	1.17	1.07
阳泉	1.05	1.00	1.05	1.09
长治	1.07	1.01	1.17	1.05
晋城	1.09	1.01	1.16	1.05
济南	1.00	0.99	1.07	1.04
德州	0.93	1.00	1.11	1.06
滨州	0.97	0.98	1.07	1.06
淄博	0.99	0.99	1.11	1.07
济宁	0.98	1.00	1.11	1.07
聊城	1.00	1.00	1.04	1.04
菏泽	1.04	1.00	1.05	1.05
郑州	1.09	0.99	1.09	1.06
开封	1.08	1.01	1.04	1.02
安阳	1.06	0.95	1.07	1.09
鹤壁	1.05	0.95	1.06	1.06
新乡	1.05	0.99	1.13	1.04
焦作	1.06	1.00	1.10	1.04
濮阳	1.07	0.97	1.04	1.08

2.4 CHOCHO 遥感反演算法

CHOCHO 是大气中最小的二羰基化合物，也是许多不饱和 VOCs 的氧化产物，如异戊二烯和芳烃[19, 20]。CHOCHO 在大气中的直接排放量很小，因此其观测提供了对这些 VOCs 排放监测的指示作用[21]。CHOCHO 在 420～460 nm 有吸收，该波段范围内受 O_3、NO_2、H_2O、O_2-O_2 吸收截面及 Ring 效应的影响[22]。近年来，国际上针对大气扫描成像吸收光谱仪（SCanning Imaging Absorption spectroMeter for Atmospheric CartograpHY，SCIAMACHY）、全球臭氧监测仪（Global Ozone Monitoring Experiment，GOME）、OMI 传感器分别实现了利用卫星遥感技术进行对流层 CHOCHO 的 VCD 监测的尝试，能从全球尺度上获得 CHOCHO 的空间分布特征[21, 23-26]。目前，国际上主要利用 DOAS 算法进行 CHOCHO 的 VCD 反演，其基本原理如下：

$$I(\lambda) = I_0(\lambda)\exp[-s\rho\sigma(\lambda)] \tag{2-12}$$

式中，I——对地观测光谱，$W \cdot cm^{-2} \cdot sr^{-1} \cdot nm^{-1}$；

I_0——太阳参考光谱，$W \cdot cm^{-2} \cdot sr^{-1} \cdot nm^{-1}$；

λ——波长，nm；

s——路径长度，cm；

ρ——数浓度，$molec./cm^3$；

$\sigma(\lambda)$——吸收截面，$cm^2/molec.$（CHOCHO）。

其中，光学路径上吸收介质的斜柱浓度 SCD 可表示数浓度在光子路径上的积分：

$$SCD = \int\rho(s)ds \tag{2-13}$$

式中，SCD——光学路径上吸收介质的斜柱浓度，$molec./cm^2$。

根据大气辐射传输理论，在近紫外-可见光波段中，如果不考虑发射和散射的影响，可用式（2-13）朗伯-比尔定律描述大气的消光过程。DOAS 算法的基本思想是将气体分子的吸收截面 $\sigma_i(\lambda)$ 分解为随波长快速变化的部分 $\sigma_i'(\lambda)$ 和随波长缓慢变化的部分 $\sigma_i^s(\lambda)$，然后再对随波长快速变化的部分利用朗伯-比尔定律计算气体的浓度，见式（2-14）和式（2-15）：

$$\sigma_i(\lambda) = \sigma_i'(\lambda) + \sigma_i^s(\lambda) \tag{2-14}$$

$$\tau(\lambda) = -\ln[\frac{I(\lambda)}{I_0(\lambda)}] = \sum_i \sigma_i'(\lambda)SCD_i + \sum_p a_p\lambda^p \tag{2-15}$$

式中，$\tau(\lambda)$——光学路径上的光学厚度，量纲一；

$\sigma_i'(\lambda)$——快变效应部分；

$\sigma_i^s(\lambda)$——慢变效应部分；

a_p——多项式系数；

p——阶数；

i——该计算需要考虑的大气成分的种类。

随波长慢变部分的消光效应可用波长的低阶多项式近似，其中主要包括两个关键步骤：

步骤 1：CHOCHO SCD 计算。通过在 CHOCHO 的吸收波段范围内设置合适的拟合窗口和拟合阶数，综合考虑拟合窗口内多种干扰成分的吸收截面，利用最小二乘拟合的方法可得到 CHOCHO SCD。CHOCHO 在大气中的含量小，对拟合参数的设置敏感，不同传感器与不同算法之间的参数设置均有差异。CHOCHO 反演受仪器噪声影响较大，在之前基于 OMI 传感器的 CHOCHO 算法研究中，利用远太平洋区域的反演结果作为背景值，对目标区域反演得到的 CHOCHO SCD 进行校正。

步骤 2：CHOCHO VCD 计算。通过 AMF，将 CHOCHO SCD 转为 VCD，见式（2-16）：

$$VCD = \frac{SCD}{AMF} \tag{2-16}$$

其中，AMF 计算的结果对 CHOCHO 的卫星反演算法精度有较大影响。AMF 因子与观测几何、温度、大气压强廓线、痕量气体的浓度廓线、气溶胶的总量、光学特性（吸收与散射）及其所在高度、地表反射率及下垫面地形高度等有关。

为实现上述目的，需按以下方法进行。

1. CHOCHO SCD 计算

NO_2 对 CHOCHO 反演的干扰大，且中国地区的 NO_2 浓度受人为源因素干扰大。因此，本书采用两步法进行 CHOCHO 浓度的计算，以实现 NO_2 与 CHOCHO 的解耦。第一步，进行 NO_2 SCD 反演；第二步，进行 CHOCHO SCD 反演（第一步的 NO_2 SCD 作为第二步反演的输入，在进行第二步 CHOCHO 反演时，294 K NO_2 吸收截面不参与计算），拟合参数设置见表 2-2。

表 2-2　CHOCHO 拟合参数设置

参　数	CHOCHO 设置
拟合窗口	430～458 nm
参考光谱 I_0	日平均辐亮度（30°N～30°S）
拟合阶数	4th- order
吸收截面	CHOCHO[22]，296 K
	O_3[27]，228 K
	NO_2[28]，不拟合
	O_4[29]，293 K
	H_2O[30]
Ring 效应	利用太阳参考光谱计算得到
云量	OMCLDO2[31]

2. CHOCHO 的 AMF 查找表构建

AMF 受到观测几何、地表反射率、云、气溶胶、CHOCHO 初始廓线形状因子的影响。为了提高 AMF 计算的精度，考虑我国高气溶胶背景和复杂地表，本书利用正向辐射传输模型计算得到 CHOCHO AMF 查找表，见表 2-3。

表 2-3　CHOCHO AMF 查找表设置

指　标	设　置
太阳天顶角/（°）	0，10，20，30，40，45，50，55，60，65，70，72，74，76，78，80
观测天顶角/（°）	0，10，20，30，40，50，60，65
方位角/（°）	0，45，90，135，175
地表反射率	0，0.001，0.025，0.05，0.75，0.1，0.15，0.2，0.3，0.4，0.6，0.8
SSA	0.80，0.82，0.85，0.87，0.89，0.9，0.92，0.95，0.97
AOD	0.1，0.3，0.5，0.8，1，1.5，1.8，2

2.4.1　算法验证

OMI 的 CHOCHO 数据集有两个版本：一个由哈佛大学 Miler 提供，时间范围是 2004 年 10 月—2014 年，以下简称 OMI-Harvard；另一个由不来梅大学环境物理研究所（Institute of Environmental Physics，IUP）的 Alvarado 开发，以下简称 OMI-IUP。本书将获得的 CHOCHO 数据集定义为 OMI-CAS（Chinese Academy of Sciences，中国科学院），与 OMI-Harvard 和 OMI-IUP 进行交叉比较。同样地，由 IUP 提供的基于 SCIAMACHY 传感器的 CHOCHO 反演结果（以下简称 SCIAMACHY-IUP）也将与本书的研究结果进行对比。为了将所有数据集绘制在一个图中，在接下来的比较和分析中，IUP 的 CHOCHO 数据集都乘以 10。为了评价 OMI-CAS 与 OMI-Harvard、OMI-IUP 和 SCIAMACHY-IUP 的一致性，我们对 2005 年按季节列出的 4 个典型地区进行了比较，所选 4 个区域的经纬度见表 2-4。

表 2-4　所选对比区域的经纬度

所选区域	纬度/（°）	经度/（°）	缩写
华北地区	[35 40]	[114 121]	NC
华南地区	[21 26.4]	[105 116]	SC
长江三角洲地区	[27 35]	[114 121]	YRD
川渝地区	[27.8 32.9]	[103 110]	CY

　　4 个数据集的时空分布一致，CHOCHO 冬低夏高的特征一致，这与 VOCs 排放对温度的依赖有关。在空间分布上，CHOCHO 的高值主要集中在人口密集的城市地区，如长江三角洲、华南、川渝地区。华北地区的夏季也表现出明显的高值和强烈的人为特征。在华北地区，OMI-Harvard、OMI-IUP、SCIAMACHY-IUP 与 OMI-CAS 在秋季的相关性最好，分别为 0.46、0.36、0.48，高于春季、夏季、冬季。在华南地区，夏季的相关性最好，3 个数据集的相关性分别为 0.79、0.8、0.74，高于秋季（0.63、0.46、0.56）、冬季（0.45、0.23、0.42）、春季（0.08、0.21、0.15）。在长江三角洲地区，三者之间的相关性在秋季最好（R=0.58）。在成渝地区，冬季表现出显著的负相关，秋季 OMI-Harvard 与 OMI-CAS 的相关性最好（0.62），春季 OMI-IUP 与 OMI-CAS 的相关性最好（0.45）。由于缺乏广泛的地面观测验证，交叉对比的相关性尽管无法给出反演结果的绝对精度，但通过对不同数据集进行时间和空间上的定量比较可以给用户使用提供一些参考。整体来看，验证结果表明，各地区夏季与秋季的相关性优于春季与冬季的相关性，交叉对比验证的夏秋季结果见表 2-5。

表 2-5　夏季与秋季交叉对比相关性参数　　　　单位：10^{13} molec./cm^2

		OMI-CAS		OMI-Harvard		OMI-IUP		SCIAMACHY-IUP	
		夏季	秋季	夏季	秋季	夏季	秋季	夏季	秋季
NC	平均值	203.83	180.62	234.23	230.70	246.66	258.00	235.32	227.26
	标准差	7.61	14.30	13.52	10.40	76.37	67.33	74.20	71.41
	相关系数	—	—	0.09	0.46	0.12	0.36	0.14	0.48
	斜率	—	—	0.05	0.62	0.01	0.08	0.02	0.11
	偏移量	—	—	192.25	36.95	199.32	154.45	197.31	149.44
SC	平均值	190.24	175.67	222.58	220.91	111.04	157.26	126.97	159.87
	标准差	24.23	18.26	21.20	14.78	114.94	125.03	122.68	125.82
	相关系数	—	—	0.79	0.63	0.80	0.46	0.74	0.56
	斜率	—	—	0.90	0.72	0.22	0.11	0.19	0.11
	偏移量	—	—	-10.744	16.89	127.40	140.34	139.28	141.71
YRD	平均值	204.93	181.39	235.71	230.10	174.24	208.27	166.80	169.96
	标准差	10.48	18.72	17.70	12.41	103.18	101.69	105.31	98.73
	相关系数	—	—	0.31	0.34	0.22	0.32	0.32	0.58
	斜率	—	—	0.18	0.52	0.03	0.09	0.05	0.14
	偏移量	—	—	161.92	61.86	194.29	148.25	186.85	135.05
CY	平均值	199.73	173.15	238.51	223.34	177.57	216.68	168.88	175.17
	标准差	12.10	21.35	13.38	14.70	116.28	116.48	116.45	109.09
	相关系数	—	—	0.35	0.62	0.42	0.29	0.49	0.52
	斜率	—	—	0.32	0.91	0.08	0.11	0.09	0.15
	偏移量	—	—	123.53	-28.93	171.84	132.85	170.27	126.60

　　图 2-8 为全国不同 CHOCHO 数据集之间的相关性。第一列表示 OMI-CAS 和 OMI-Harvard，第二列表示 OMI-CAS 和 OMI-IUP，第三列表示 OMI-CAS 和 SCIAMACHY-IUP。

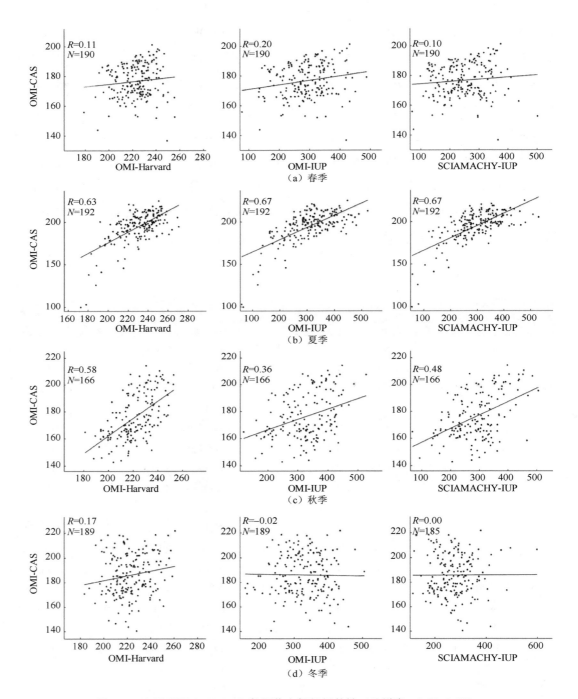

图 2-8　全国不同 CHOCHO 数据集之间的相关性（分辨率= 2.5°×2.5°）

2.4.2 示范应用

图 2-9 将"2+26"城市在 2018 年研究阶段内的空间分布情况做了详细的展示（5 月、6 月因数据质量不好未获取结果）。整体来看，3 月较 1 月、2 月、4 月有明显的相对高值。"2+26"城市的 CHOCHO 浓度在 7—8 月达到最大值，9 月之后明显下降，10 月稍有回升，表现出明显的温度依赖特征。其中，3 月相对高值的原因还需要进一步研究。

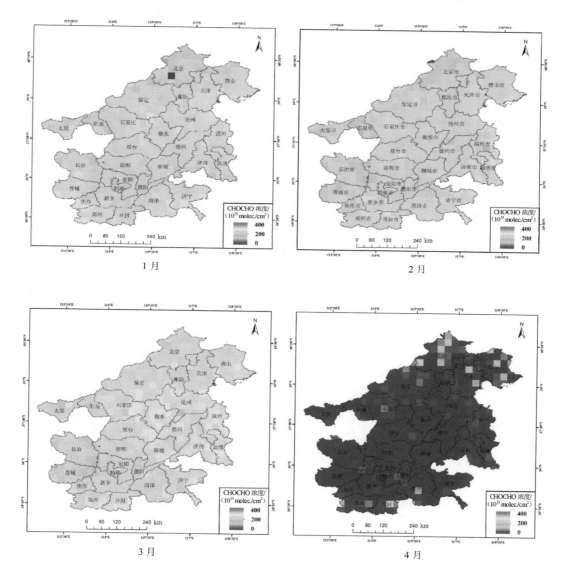

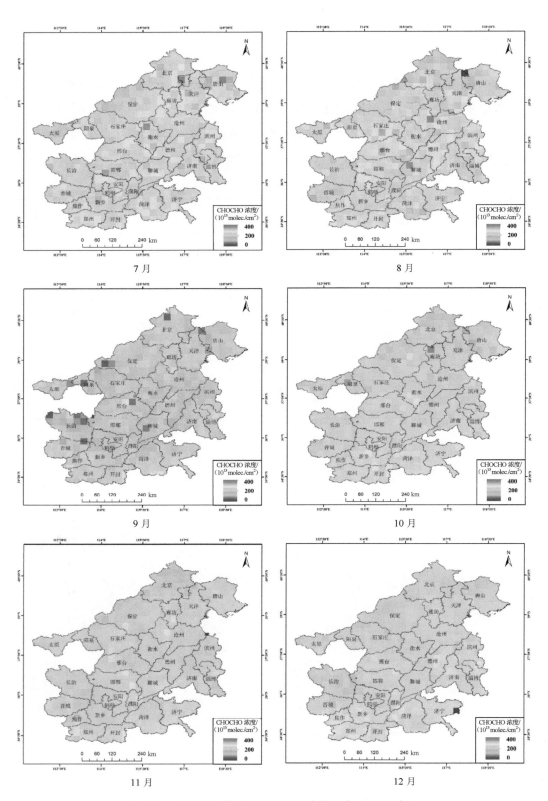

7 月

8 月

9 月

10 月

11 月

12 月

图 2-9 "2+26" 城市 CHOCHO 空间分布（2018 年）

在 "2+26" 城市中，郑州 2018 年 1—8 月的 CHOCHO 浓度均高于 28 个城市的平均值，为 CHOCHO 浓度高发频率最高的地区，其次是邯郸、邢台、菏泽、聊城、衡水、石家庄、安阳、开封、新乡、滨州、德州、天津。北京、长治、太原、阳泉、晋城、保定的 CHOCHO 高值频率较低。将 "2+26" 城市 2018 年 1—8 月的浓度分为冬（1—2 月）、春（3—5 月）、夏（6—8 月）3 个季度，其平均值分别为 20.48×10^{14} molec./cm^2、20.17×10^{14} molec./cm^2、22.21×10^{14} molec./cm^2。

2.5 大气环境污染高发指数模型构建方法

2.5.1 构建方法

基于卫星获取的时间序列大气污染物区域分布，需要综合考虑颗粒物、污染气体、VOCs 等多种大气污染物的影响，根据各项大气环境污染物的分布情况发展一个大气环境遥感综合污染指数，构建大气环境污染高发指数，以对大气环境质量的时空变化进行综合分析，并提取污染程度较大的区域，从而为 "散乱污" 企业集中区提供数据依据。

目前，所采用的传统空气污染指数（Air Pollution Index，API）和 AQI 被定义为一项或多项空气污染物浓度的线性转换结果，用来描述空气质量的日变化情况，这种空气质量评价方法能体现出空气中的主要污染物，但是不能综合表达大气中其他因子对空气环境质量的影响。橡树岭大气质量指数（Oak Ridge Air Quality Index，ORAQI）是由美国原子能委员会橡树岭国立实验室于 1971 年 9 月提出的。这种指数评价方法认为，评价指标对空气质量综合评价效果的影响呈指数关系，可以根据各地区不同的环境状况确定相应的评价模型[32]。

ORAQI 可按式（2-17）计算：

$$\text{ORAQI} = \left(a \sum_{i=1}^{n} \frac{C_i}{S_i} \right)^b \tag{2-17}$$

式中，a、b——常系数；

C_i——任一项实测污染物的日平均质量浓度，μg/m^3；

S_i——该污染物的相应标准值，μg/m^3。

ORAQI 方程的应用非常广泛，定量描述了每项污染物的重要性。在实际评价中，根据 ORAQI 计算结果可将大气环境质量分为六级，依次为优（<20）、好（20~39）、尚可

（40~59）、差（60~79）、坏（80~100）、危险（>100）。ORAQI越大，大气环境质量越差。

采用ORAQI评价大气环境污染状况，首先需要确定当地的环境背景值和评价标准，以计算出适用于研究地区的常系数a、b。而常系数a、b的确定方法是，当各种污染物浓度等于该地区背景浓度C_i'时，$ORAQI = 10$；当各种污染物浓度均达到相应的标准C_i''时，$ORAQI = 100$。因此，a、b由以下方程组确定：

$$\begin{cases} \left(a \sum_{i=1}^{n} \dfrac{C_i'}{S_i} \right)^b = 10 \\ \left(a \sum_{i=1}^{n} \dfrac{C_i''}{S_i} \right)^b = 100 \end{cases} \tag{2-18}$$

已有相关学者针对美国、印度及中国等国的不同地区[33, 34]采用不同的污染因子计算获取了ORAQI常系数a、b，部分结果见表2-6。

表2-6　ORAQI常系数计算结果对比

研究区域	选取污染因子	系数a	系数b	计算方法说明
美国中西部明尼苏达州	SPM、O_3、SO_2、NO_x、CO	5.7	1.37	根据美国国家空气质量标准计算
美国中西部明尼苏达州	SPM、SO_2、NO_x	9.58	1.37	根据美国国家空气质量二级标准计算
印度东海岸中部的维沙卡帕特南港口	SPM、SO_2、NO_x	39.2	0.967	采用美国国家空气质量一级标准计算
印度东海岸中部的维沙卡帕特南港口	SPM、SO_2	14.42	1.37	采用美国国家空气质量一级标准计算
中国西安市	PM_{10}、SO_2、NO_2	3.47	1.97	采用分形模型统计背景值和标准值，从而计算系数
中国京津冀地区	卫星遥感AOD、SO_2、NO_2	2.13	2.49	采用分形模型统计背景值和标准值，从而计算系数

由此可见，常系数a和b根据不同地区、不同污染因子及采用的计算方法的变化而表现出较大差异，其中常系数a的最大值和最小值分别为39.2和2.13，常系数b的最大值和最小值分别为2.49和0.967。因此，将ORAQI应用于京津冀及周边地区的大气环境质量综合评价分析，需要根据所选取的大气环境遥感污染因子确定标准值和背景值，从而确定系数。

根据京津冀及周边地区的大气环境遥感污染指标的密度分布特征建立模型，首先，应根据不同的指标值来统计大于相应指标值的象元个数；其次，将统计结果在双对数坐标系中描绘出来，根据散点分布特征进行拟合分析，从而确定遥感监测因子的背景值和标准值；最后，求解方程即可获得ORAQI的常系数a和b，建立区域大气环境污染高发指数计算方法。

为准确找出大气污染源, 在构建大气环境污染高发指数时, 因变量可选择对研究区域污染企业指示作用较强的污染物。在京津冀及周边地区, $PM_{2.5}$ 和 PM_{10} 对污染企业相关的工地、道路扬尘、燃煤烟尘等具有指示作用; NO_2 和 SO_2 对火电、钢铁、石油化工、燃煤等行业污染物排放具有指示作用; O_3 和 HCHO 对于污染企业产生的 NO_x、VOCs 等污染具有指示作用。因此, 在四参数高发指数的基础上, 采用 $PM_{2.5}$、PM_{10}、NO_2、SO_2、O_3 和 HCHO 这 6 项污染物指标按照上述高发指数算法模型拟合计算出六参数污染高发指数, 它们综合反映了污染企业的排放及污染特征。

对于 $PM_{2.5}$ 遥感反演, 国内外主要采用基于 AOD 的遥感反演方法, 但很少考虑局部参数的变化特征, 导致反演结果有较大的误差[4]。本书综合采用暗目标法[35]和深蓝算法[1, 36], 将基于 MODIS 数据反演的 1 km 气溶胶产品、相对湿度、边界层高度等气象条件参数和相关地面观测数据作为输入参数, 根据 GWR 模型和权重函数 (Gauss 函数) 进行 $PM_{2.5}$ 遥感反演, 在京津冀及周边地区取得了较好的效果[6, 37, 38]。

对于 NO_2、SO_2 遥感反演, 可采用 DOAS 反演方法[9, 10], 利用 SO_2、NO_2 在紫外-可见光波段吸收带上的吸收作用随波长变化剧烈, 而大气分子的瑞利散射、气溶胶米散射随波长变化缓慢, 是波长的低阶函数等特征, 通过光谱分离技术将随波长快变部分与慢变部分分离, 提取太阳辐射传输路径上的 NO_2、SO_2 吸收光谱信息, 再利用模式模拟或经验公式计算得到 AMF, 将有效 SCD 转换为 VCD。本书基于 OMI 卫星数据和 DOAS 获取 NO_2、SO_2 遥感反演结果。

对于 O_3、HCHO 遥感反演, 采用本章 2.3 节所述算法。

2.5.2　四参数构建方法

利用分形求和模型统计京津冀及周边地区灰霾月累计天数 (HAZE) 和 $PM_{2.5}$、NO_2、SO_2 月均浓度的密度分布情况, 并将其绘制在双对数坐标系中, 结果如图 2-10 所示。可以看出, 在双对数坐标系中, 4 项遥感监测因子的散点基本分布在 3 条直线上, 因此可根据不同因子的分布情况对 3 个区间的散点分别进行线性拟合, 结果见表 2-7。

由表 2-7 可知, 卫星监测的灰霾天数和 $PM_{2.5}$、NO_2、SO_2 浓度 4 项大气环境遥感因子的 3 段直线拟合决定系数 R^2 都在 0.88 以上, 这说明 4 项因子的分形求和模型拟合效果较好, 可以有效表征出不同因子的密度分布特征。根据分形模型拟合的 3 段直线可确定 2 个分界点, 即卫星遥感监测京津冀及周边地区 4 项大气环境质量因子的背景值和标准值, 结果见表 2-8。

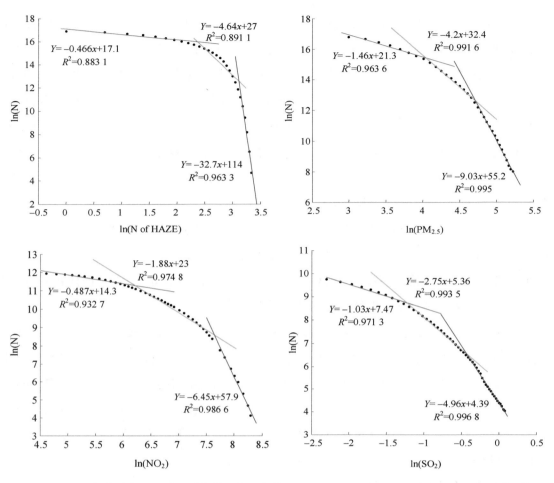

图 2-10　2016 年京津冀及周边区域灰霾月累计天数和 $PM_{2.5}$、NO_2、SO_2 月均浓度分形求和模型结果

表 2-7　2016 年京津冀及周边区域灰霾月累计天数和 $PM_{2.5}$、NO_2、SO_2 月均浓度分形求和模型拟合结果

空气污染物	分形求和模型	拟合区间	分维数	拟合决定系数
灰霾	$N_1=2.67\times10^7 r^{-0.466}$	$r\leqslant10.7$	0.466	0.883 1
	$N_2=5.32\times10^{11} r^{-4.64}$	$10.7\leqslant r\leqslant22.2$	4.64	0.891 1
	$N_3=3.23\times10^{49} r^{-32.7}$	$r\geqslant22.2$	32.7	0.963 3
$PM_{2.5}$	$N_1=1.78\times10^9 r^{-1.46}$	$r\leqslant57.5$	1.46	0.963 6
	$N_2=1.18\times10^{14} r^{-4.2}$	$57.5\leqslant r\leqslant112.2$	4.2	0.991 6
	$N_3=9.4\times10^{23} r^{-9.03}$	$r\geqslant112.2$	9.03	0.995
NO_2	$N_1=1.62\times10^6 r^{-0.487\,1}$	$r\leqslant515.7$	0.487	0.932 7
	$N_2=9.74\times10^9 r^{-1.88}$	$515.7\leqslant r\leqslant2073.1$	1.88	0.974 8
	$N_3=1.4\times10^{25} r^{-6.45}$	$r\geqslant2073.1$	6.45	0.986 6
SO_2	$N_1=1.75\times10^3 r^{-1.03}$	$r\leqslant0.29$	1.03	0.971 3
	$N_2=2.13\times10^2 r^{-2.75}$	$0.29\leqslant r\leqslant0.64$	2.75	0.993 5
	$N_3=0.81\times10^2 r^{-4.96}$	$r\geqslant0.64$	4.96	0.996 8

表 2-8　2016 年京津冀及周边区域灰霾累计天数和 $PM_{2.5}$、NO_2、SO_2 月均浓度
背景值和标准值

项目	灰霾/天	$PM_{2.5}$/（μg/m³）	NO_2/（×10¹³ molec./cm²）	SO_2/DU
背景值	10.7	57.5	515.7	0.29
标准值	22.2	112.2	2 073.1	0.64

由表 2-8 可知，京津冀及周边地区的 4 项遥感监测大气环境质量因子——灰霾、$PM_{2.5}$、NO_2 和 SO_2 的背景值分别为 10.7 天、57.5 μg/m³、515.7×10¹³ molec./cm² 和 0.29 DU，标准值分别为 22.2 天、112.2 μg/m³、2 073.1×10¹³ molec./cm² 和 0.64 DU。

根据上述结果，利用式（2-18）可得到：$a = 1.390\,6$，$b = 2.683\,6$。将上述结果代入高发指数计算公式可确定京津冀及周边地区卫星遥感监测大气环境遥感综合污染指数，见式（2-19）：

$$OI = \left[1.390\,6 * \left(\frac{C_{HAZE}}{22.2} + \frac{C_{PM_{2.5}}}{112.2} + \frac{C_{NO_2}}{2\,073.1} + \frac{C_{SO_2}}{0.64} \right) \right]^{2.683\,6} \qquad (2\text{-}19)$$

图 2-11 是由平均得到的 2018 年大气环境污染高发指数分布。可以看出，唐山、石家

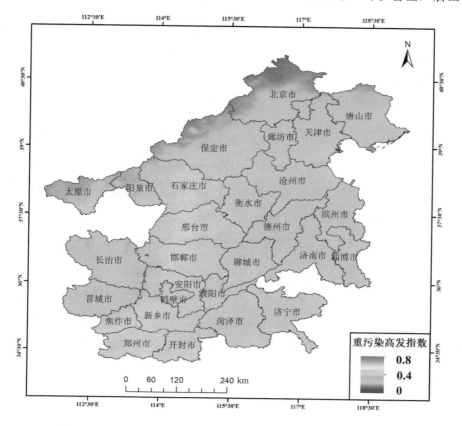

图 2-11　2018 年"2+26"城市大气环境遥感综合污染指数分布

庄、邢台、邯郸、安阳、新乡、郑州、太原、济南和滨州交界处等地区的大气环境污染高发指数较高。这说明，这些地区的大气环境质量较差，可以作为大气环境监管和污染治理的参考区域。

2.5.3　六参数构建方法

为将 PM_{10}、$PM_{2.5}$、NO_2、SO_2、HCHO、O_3 共 6 项大气环境遥感污染因子进行综合分析，采用 ORAQI 方法进行综合评价。根据 $PM_{2.5}$、PM_{10}、HCHO、O_3、SO_2 和 NO_2 年均浓度百分位数分布情况，查找"拐点"处的百分位数和浓度值，分别确定各项污染物的标准值和背景值，见表 2-9。

表 2-9　各项大气污染物标准值和背景值确定

污染物	背景值参考百分位数	背景值	标准值参考百分位数	标准值
PM_{10}/（μg/m³）	11	78	85	103
$PM_{2.5}$/（μg/m³）	12	39	88	53
HCHO/（$\times10^{13}$ molec./cm²）	14	11	90	14.8
O_3/DU	14	42.6	95	50
NO_2/（$\times10^{13}$ molec./cm²）	20	616	83	965
SO_2/DU	20	0.03	80	0.15

由表 2-9 可知，"2+26"城市的 6 项遥感监测大气环境质量因子 PM_{10}、$PM_{2.5}$、HCHO、O_3、NO_2 和 SO_2 的背景值分别为 78 μg/m³、39 μg/m³、11×10^{13} molec./cm²、42.6 DU、616×10^{13} molec./cm² 和 0.03 DU，标准值分别为 103 μg/m³、53 μg/m³、14.8×10^{13} molec./cm²、50 DU、965×10^{13} molec./cm² 和 0.15 DU。

因此，可确定京津冀及周边地区卫星遥感监测大气环境遥感综合污染指数的公式如下：

$$OI = \left[0.388\,5 \times \left(\frac{C_{PM_{10}}}{103} + \frac{C_{PM_{2.5}}}{53} + \frac{C_{HCHO}}{14.8} + \frac{C_{O_3}}{50} + \frac{C_{NO_2}}{965} + \frac{C_{SO_2}}{0.15} \right) \right]^{5.442} \tag{2-20}$$

图 2-12 为 2018 年大气环境污染高发指数分布图，在"2+26"城市中，唐山、石家庄、邢台、邯郸、安阳、新乡、郑州及太原、济南和滨州交界处等地区的高发指数较高，北京北部、长治、晋城的高发指数较低。

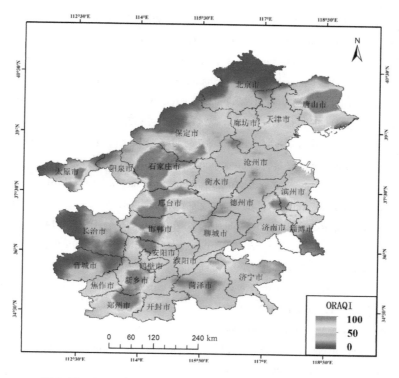

图 2-12　2018 年 "2+26" 城市大气环境污染高发指数分布

参考文献

[1]　Hsu N，Tsay S C，King M D，et al. Aerosol Properties over Bright-reflecting Source Regions[J]. IEEE Transactions on Geoscience and Remote Sensing，2004，42（3）：557-569.

[2]　王中挺，厉青，李莘莘，等. 基于环境一号卫星的霾监测应用[J]. 光谱学与光谱分析，2012，32（3）：775-780.

[3]　Koschmieder H. Theorie der horizontalen sichtweite，Beitrage zur Physik der Freien Atmosphare[J]. Meteorologische Zeitschrift Z，1924，12：3353.

[4]　Hu X F，Waller L A，Al-Hamdan M Z，et al. Estimating ground-level $PM_{2.5}$ concentrations in the southeastern U.S. using geographically weighted regression[J]. Environmental Research，2013，121：1-10.

[5]　Ma Z，Hu X，Huang L，et al. Estimating ground-level $PM_{2.5}$ in China using satellite remote sensing[J]. Environ Sci Techn，2014，48：7436-7444.

[6]　陈辉，厉青，张玉环，等. 基于地理加权模型的我国冬季 $PM_{2.5}$ 遥感估算方法研究[J]. 环境科学学报，2016，36（6）：2142-2151.

[7]　周春艳，王桥，厉青，等. 近 10 年长江三角洲对流层 NO_2 柱浓度时空变化及影响因素[J]. 中国环境科学，2016（7）：1921-1930.

[8]　陶金花，王子峰，韩冬，等. 华北地区秸秆禁烧前后的 NO_2 卫星遥感监测分析 [J]. 中国环境科学，2009，29（10）：1016-1020.

[9] Platt U，Perner D，Pätz H. Simultaneous measurement of atmospheric CH$_2$O，O$_3$，and NO$_2$ by differential optical absorption[J]. Journal of Geophysical Research，1979，84（C10）：6329-6335.

[10] Chance K. OMI algorithm theoretical basis document，volume Ⅳ：OMI trace gas algorithms [R/OL]. （2002-02-01）[2020-10-17]. https://ozoneaq.gsfc.nasa.gov/ media/docs/ATBD-OMI-04.pdf.

[11] Liu X，Bhartia P K，Chance K，et al. Ozone profile retrievals from the Ozone Monitoring Instrument[J]. Atmospheric Chemistry & Physics，2010，10（5）：2521-2537.

[12] Schenkeveld V M E，Jaross G，Marchenko S，et al. In-flight performance of the Ozone Monitoring Instrument[J]. Atmospheric measurement techniques，2017，10（5）：1957.

[13] Palmer P I，Jacob D J，Chance K，et al. Air mass factor formulation for spectroscopic measurements from satellites：Application to formaldehyde retrievals from the Global Ozone Monitoring Experiment[J]. Journal of Geophysical Research：Atmospheres，2001，106（D13）：14539-14550.

[14] Platt U，Stutz J. Differential absorption spectroscopy[M]//Differential Optical Absorption Spectroscopy. Berlin，Heidelberg：Springer，2008.

[15] Su W，Liu C，Chan K L，et al. An improved TROPOMI tropospheric HCHO retrieval over China[J]. Atmos. Meas. Tech.，2020，13：6271-6292.

[16] Sun Y，Liu C，Palm M，et al. Ozone seasonal evolution and photochemical production regime in the polluted troposphere in eastern China derived from high-resolution Fourier transform spectrometry（FTS）observations[J]. Atmos. Chem. Phys.，2018，18：14569-14583.

[17] Su W，Liu C，Hu Q，et al. Primary and secondary sources of ambient formaldehyde in the Yangtze River Delta based on Ozone Mapping and Profiler Suite（OMPS）observations[J]. Atmospheric Chemistry and Physics，2019，19（10）：6717-6736.

[18] Veefkind J P，Aben I，McMullan K，et al. TROPOMI on the ESA Sentinel-5 Precursor：A GMES mission for global observations of the atmospheric composition for climate，air quality and ozone layer applications[J]. Remote Sensing of Environment，2012，120：70-83.

[19] Chan Miller C，Jacob DJ，Marais EA，et al. Glyoxal yield from isoprene oxidation and relation to formaldehyde：chemical mechanism，constraints from SENEX aircraft observations，and interpretation of OMI satellite data [J]. Atmos Chem Phys，2017，17（14）：8725-8738.

[20] Fu TM，Jacob DJ，Wittrock F，et al. Global budgets of atmospheric glyoxal and methylglyoxal，and implications for formation of secondary organic aerosols [J]. Journal of Geophysical Research-Atmospheres，2008，113（D15）：17.

[21] Volkamer R，Spietz P，Burrows J，et al. High-resolution absorption cross-section of glyoxal in the UV−vis and IR spectral ranges [J]. Journal of Photochemistry & Photobiology A Chemistry，2005，172（1）：35-46.

[22] Volkamer R，Molina LT，Molina MJ，et al. DOAS measurement of glyoxal as an indicator for fast VOC chemistry in urban air [J]. Geophysical Research Letters，2005，32（8）：93-114.

[23] Acarreta JR，De Haan JF，Stammes P. Cloud pressure retrieval using the O$_2$-O$_2$ absorption band at 477 nm [J]. Journal of Geophysical Research Atmospheres，2004，109（D5）：1-11.

[24] Miller CC，Abad GG，Wang H，et al. Glyoxal retrieval from the Ozone Monitoring Instrument [J].

Atmospheric Measurement Techniques，2014，7（11）：3891-3907.

[25] Lerot C，Stavrakou T，De Smedt I，et al. Glyoxal vertical columns from GOME-2 backscattered light measurements and comparisons with a global model [J]. Atmospheric Chemistry and Physics，2010，10（24）：12059-12072.

[26] Wittrock F，Richter A，Oetjen H，et al. Simultaneous global observations of glyoxal and formaldehyde from space [J]. Geophysical Research Letters，2006，33（16）：5.

[27] Malicet J，Daumont D，Charbonnier J，et al. Ozone UV spectroscopy. II. Absorption cross-sections and temperature dependence [J]. Journal of Atmospheric Chemistry，1995，21（3）：263-273.

[28] Vandaele AC，Hermans C，Simon PC，et al. Measurements of the NO_2 absorption cross-section from 42 000 cm^{-1} to 10 000 cm^{-1}（238-1000 nm）at 220 K and 294 K [J]. Journal of Quantitative Spectroscopy and Radiative Transfer，1998，59（3-5）：171-184.

[29] Thalman R，Volkamer R. Temperature dependent absorption cross-sections of O_2–O_2 collision pairs between 340 and 630 nm and at atmospherically relevant pressure [J]. Physical chemistry chemical physics，2013，15（37）：15371-15381.

[30] Pope R M，Fry E S. Absorption spectrum（380–700 nm）of pure water. II. Integrating cavity measurements[J]. Applied Optics，1997，36（33）：8710-8723.

[31] Alvarado LMA，Richter A，Vrekoussis M，et al. An improved glyoxal retrieval from OMI measurements [J]. Atmospheric Measurement Techniques，2014，7（12）：5559-5599.

[32] Thomas W A，L R Babcock，W B Schults. Oak Ridge Air Quality Index[R]. Oak Ridge：Oak Ridge National Laboratory，1971.

[33] Thom G C, Ott W R. A proposed uniform air pollution index[J]. Atmospheric Environment，1976，10（3）：261-264.

[34] 陈辉，厉青，杨一鹏，等. 基于分形模型的城市空气质量评价方法研究[J]. 中国环境科学，2012，32（4）：478-484.

[35] Levy R C，Remer L A，Mattoo S，et al. Second-generation operational algorithm：Retrieval of aerosol properties over land from inversion of Moderate Resolution Imaging Spectroradiometer spectral reflectance [J]. Journal of Geophysical Research：Atmosphere，2007，112（13）：D13211，doi：10.102 9/2006JD007811.

[36] Hsu N，Jeong M J，Bettenhausen C，et al. Enhanced deep blue aerosol retrieval algorithm：The second generation [J]. J. Geophys. Res. Atmos. 2013，118：9296-9315.

[37] 陈辉，厉青，王中挺，等. MERSI 和 MODIS 卫星监测京津冀及周边地区 $PM_{2.5}$ 浓度[J]. 遥感学报，2018，22（5）：822-832.

[38] 陈辉，厉青，李营，等。京津冀及周边地区 $PM_{2.5}$ 时空变化特征遥感监测分析[J]. 环境科学，2019，40（1）：33-43.

第 3 章

"散乱污"企业集群监管动态网格构建关键技术

3.1 概述

本章以京津冀及周边地区"2+26"城市为重点范围，划分得到 1 km 分辨率的网格；基于卫星获取的时间序列"散乱污"企业集中区的污染高发空间分布信息，利用概率密度分布统计等方法识别大气环境质量信息高浓度异常网格；结合大气环境质量地面监测、污染源在线监测等多种手段获取的观测数据，基于"散乱污"企业集群监管动态网格，开展"散乱污"企业监管等级区划，为"散乱污"企业集群的判别与监管提供技术基础。

3.2 基于高发指数的动态网格构建方法

随着我国城市现代化建设进程的加快，城市环境问题也日益凸显，改善城市环境质量不仅是一个管理问题，也是一个科学技术问题，采用网格化分析方法解决城市环境问题势在必行，这是城市环境管理发展的必然趋势[1]。而大气环境热点网格则是指所有区域网格的大气环境污染相对较重的网格单元，是在大气环境监管中高度重视、重点关注的区域。

针对京津冀及周边地区的大气环境质量精细化管理需求，首先将京津冀及周边地区划分为约 70 万个 1 km×1 km 网格，根据上述计算的每个网格的大气环境遥感综合污染指数长时间序列的分布情况，提取出大气环境遥感综合污染指数相对较高（ORAQI>60）的网格,即大气环境热点网格,该网格单元可以作为生态环境部门进行环境执法和督查的参考区域。其次,结合高分辨率卫星数据(以下简称高分数据)对热点网格内的土地利用类型进行解译分析,为保证土地利用类型的解译精度,收集米级(空间分辨率不超过 10 m)的卫星数据,采用目视解译的方法将热点网格的土地利用分为工业用地和非工业用地,工业用地主要指用于建设工厂厂房和进行施工等土地利用类型,包括工厂厂房、露天作业等;其他类型则为非工业用地,包括农田、林地、农村居民点、城镇居民用地、水体、道路等多种类型。最后,根据大气环境质量管理需求,对热点网格内的工业用地占比情况进行统计分析,探讨不同规模类型企业的生产活动对大气环境质量的影响,为大气环境监管提供信息参考[2]。

3.3 "散乱污" 企业集群监管动态网格提取示范

3.3.1 基于四参数污染高发指数的重点关注网格提取

根据 ORAQI 对大气环境质量的分级情况,将大气环境质量污染较重的(大气环境遥感综合污染指数年均值大于 60)的网格作为大气环境热点网格提取出来,共计 1 782 个。结合谷歌地球对热点网格内的土地利用类型进行目视解译分类(分为工业用地和非工业用地),并估算工业用地占网格面积的比例,分别将保定、石家庄、邢台和邯郸的大气环境热点网格根据网格工业用地面积比例进行统计分析,并对各市的热点网格工业用地占比情况进行统计(表 3-1)。

表 3-1 2016 年京津冀及周边地区大气环境热点网格及工业用地面积占比情况

	石家庄	保定	邢台	邯郸	总计
非工业用地	66	1	30	144	241
1%~5%	502	6	43	161	712
5%~10%	353	5	6	26	390
10%~30%	327	13	3	6	349
30%~50%	47	12	0	1	60
50%~70%	14	11	0	0	25
大于 70%	5	0	0	0	5
总计	1 314	48	82	338	1 782

结果表明，保定的大气环境热点网格主要分布在南市区和清苑区一带，网格工业用地面积比例整体较高，共 48 个网格，工业用地面积比例在 10% 以上的网格比例为 75%，其中南市区部分热点网格的工业用地面积超过 50%，说明该地区的中大规模企业生产对局地的大气环境质量影响相对较大；石家庄的大气环境热点网格主要分布在藁城县北部、正定县东部、石家庄市辖区、栾城县北部及鹿泉县北部局部等地，共 1 314 个网格，其中工业用地面积比例在 10% 以内的网格比例约为 65%，工业用地面积比例在 10%～30% 的网格比例约为 25%，说明该地区的中小型企业生产对局地的大气环境影响较大；邢台和邯郸的大气环境热点网格主要分布在邢台的沙河市与邯郸的武安市的交界地区，共 420 个网格，其中工业用地面积比例在 5% 以内的网格比例约为 48.6%，非工业用地网格比例为 41.4%，说明该地区的小型企业和农业（非工业用地网格的土地利用类型主要为农田）生产活动对当地大气环境质量的影响相对较大。

总体来看，工业用地占比较低（低于 10%）的网格占总网格数的比例相对较高，约为 61.8%；工业用地占比较高（高于 30%）的网格占总网格数的比例相对较低，约为 5.1%。这说明小型企业的生产排放对当地的大气环境质量影响较大，这与多家媒体报道的小"散乱污"企业制造业问题突出、严重影响大气环境质量的结果较为一致[3-6]。

值得注意的是，非工业用地的热点网格占总网格数的比例约为 13.5%。由于非工业用地热点网格的土地利用类型主要为农田，所以农业生产对当地大气环境质量也会产生一定影响。

在上述网格遥感筛选技术方法流程的基础上，首先利用卫星遥感结果筛选出重点关注网格。根据 2018—2019 年每个月的 $PM_{2.5}$、NO_2 和 SO_2 浓度及灰霾发生频次等遥感监测结果，在京津冀及周边地区的重污染高发指数计算及空间分布综合分析的基础上，将"2+26"重点城市划分为 27.8 万个 1 km×1 km 网格，然后提取出各城市重污染高发指数相对较高且排名前 100 位的网格，合计网格数 2 800 个。最后基于高分数据，剔除了工业用地面积占比较低的网格，进一步筛选出 1 km×1 km 网格作为重点关注网格，为环境督查和"散乱污"动态监管提供支持。图 3-1 为采用四参数计算得到的污染高发指数分布，可以看出，2018 年 1—12 月京津冀及周边地区大气环境遥感综合污染指数空间分布呈现出显著的时空分布特征，每个月的高值区主要分布在区域中部的北京南部、天津南部、河北南部、河南北部、山东西北部和山西局部等地，这与京津冀及周边地区工业企业排放源的空间分布情况关系密切；同时，1—12 月大气环境遥感综合污染指数呈现"U"形变化特征，即 11—12 月和 1—2 月的值相对较高，3—10 月相对较低，这可能与京津冀及周边地区的采暖活动相关。

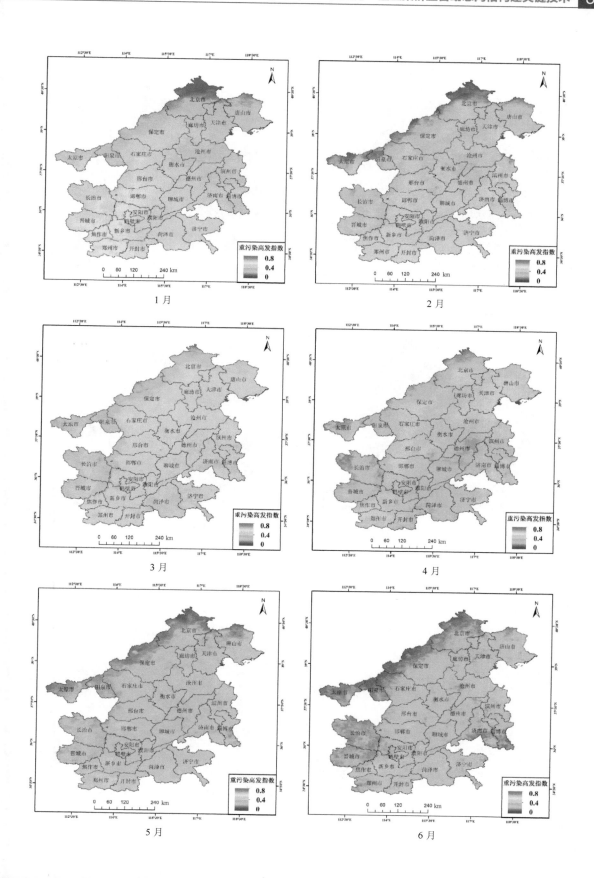

1 月

2 月

3 月

4 月

5 月

6 月

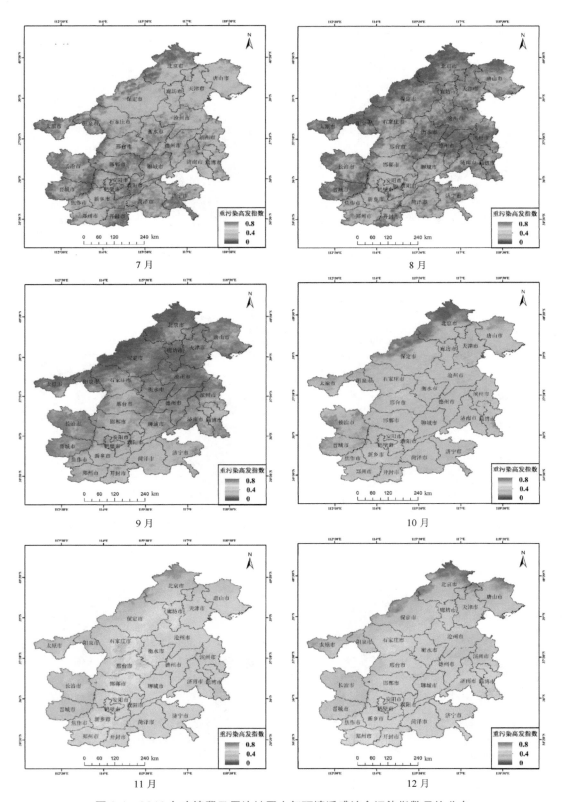

图 3-1　2018 年京津冀及周边地区大气环境遥感综合污染指数月均分布

基于卫星遥感高发指数（图3-1）和上述重点网格筛选方法，筛选出每个月"2+26"城市重点关注网格（图3-2），结果表明："2+26"城市中每个城市每个月的重点网格分布存在一定差异，并且主要集中分布地区不完全在建成区，有一部分重点网格集中分布在行政区划边界地带。

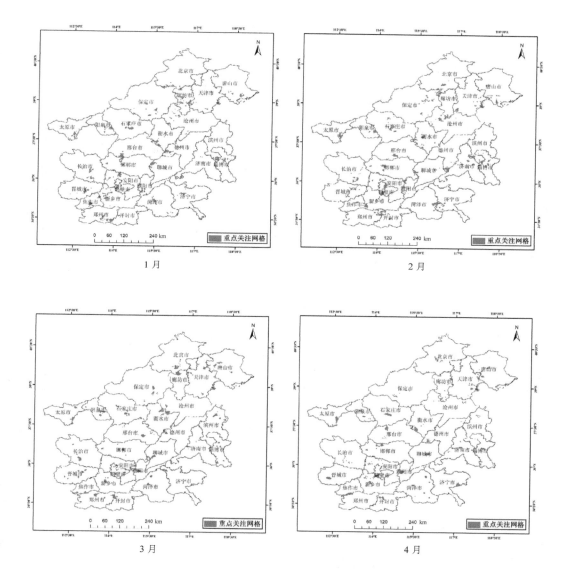

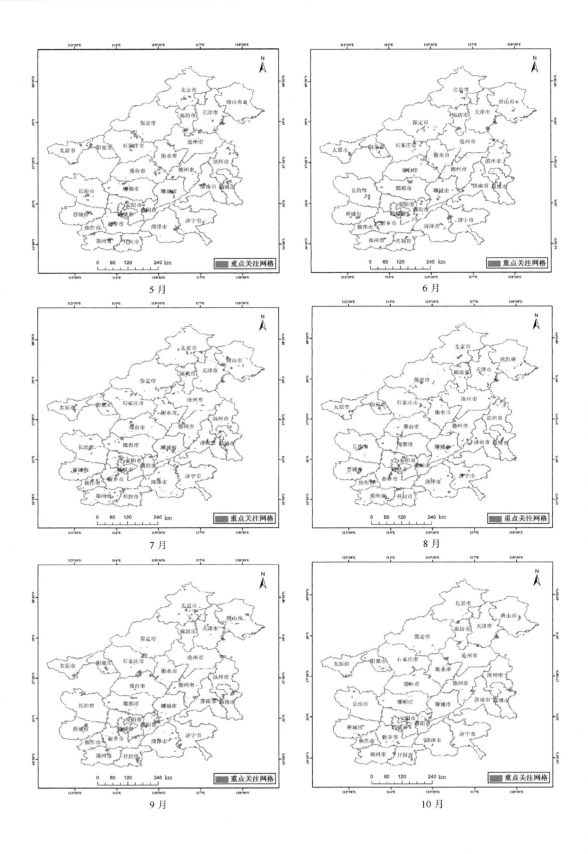

5 月

6 月

7 月

8 月

9 月

10 月

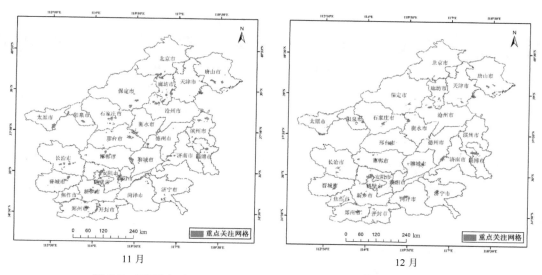

11 月 12 月

图 3-2 2018 年 1—12 月 "2+26" 重点城市热点网格遥感监测分布

3.3.2 基于六参数污染高发指数的重点关注网格提取

在以上分析的基础上，将 "2+26" 城市划分为 1 km×1 km 的网格，按照 2018 年年均六参数的大气环境污染高发指数，提取出三级重点关注网格（图 3-3）和三级重点关注网格统计表（表 3-2）。

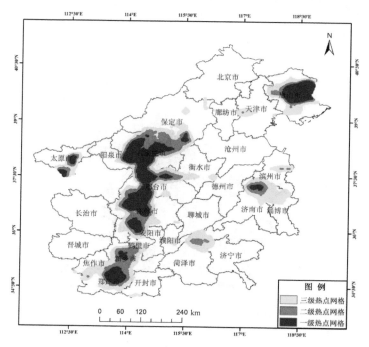

图 3-3 2018 年 "2+26" 城市三级重点关注网格分布

表 3-2 三级重点关注网格统计

热点网格	1 km 网格个数	ORAQI	占比/%
一级	16 412	>100	5.9
二级	15 255	80～100	5.5
三级	28 331	60～80	10.3

然后，收集了 2019 年 3—5 月京津冀及周边地区 PM_{10}、$PM_{2.5}$、HCHO、O_3、NO_2 和 SO_2 共 6 个参数的遥感监测结果，计算得到基于六参数的大气环境污染高发指数，如图 3-4 所示。

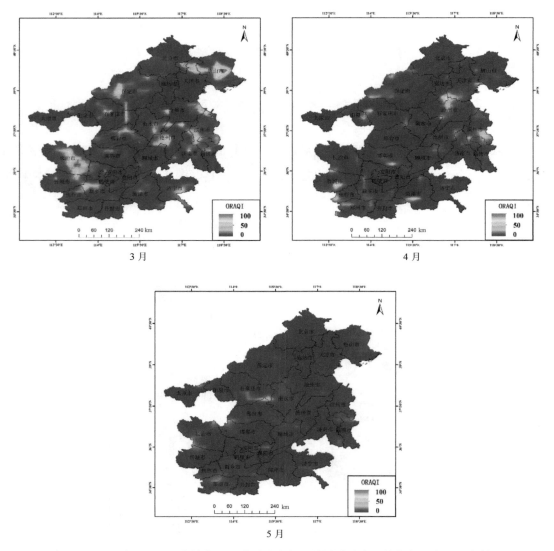

图 3-4 2019 年 3—5 月京津冀及周边地区大气环境遥感综合污染指数分布（六参数）

基于上述卫星遥感六参数高发指数和重点网格筛选方法，筛选出 2019 年 3—5 月每个月"2+26"城市重点关注网格，结果如图 3-5 所示。

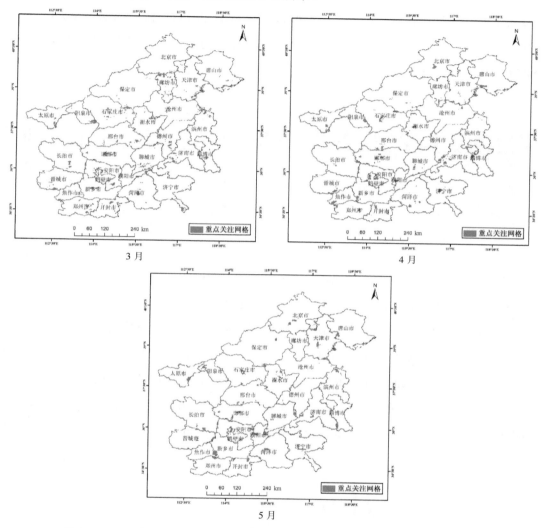

图 3-5　2019 年 3—5 月"2+26"重点城市热点网格遥感监测分布（六参数）

3.4　基于地面环境质量数据的"散乱污"企业监管等级区划

3.4.1　基于气象数据的石家庄"散乱污"企业监管区域提取

空气污染与气象条件紧密相关。气象部门把不利于污染物扩散、稀释或沉降的气象条件统称为静稳天气，这类气象条件包含静风、均压、高湿、层结稳定等。而静稳天气和污染排放是雾、霾（污染天气）形成和维持的重要因素。根据上述内容，在确保每日平均风速低于 1.0 m/s（静风条件）的前提下，通过研究石家庄 2018 年 1—6 月的气象数据，分析不同空气污染程度下相对湿度的稳定性。根据离散系数的概念，结合相对湿度的变化趋势，分析了不同污染天气下的相对湿度差异情况（表 3-3）。

表 3-3　不同空气质量条件下相对湿度的差异性对照

污染等级	相对湿度标准差	相对湿度均值	相对湿度的离散系数
优良天气	22.85	52.95	0.43
轻度污染	14.18	57.98	0.24
中度污染	14.01	58.35	0.24
重度污染	9.52	57.18	0.17

经过分析相对湿度的均值发现，污染天气下相对湿度的均值明显高于优良天气，符合静稳天气易污染的特征。经过分析相对湿度的离散系数发现，优良天气下相对湿度的离散系数明显大于轻度、中度及重度污染天气，说明优良天气下的污染分布不稳定，在做地理信息系统（Geographic Information System，GIS）插值分析时，不宜用优良天气做污染源分析，可能会造成污染源散乱分布，不便于寻找真实的污染排放源；重度污染天气下相对湿度的离散系数最小，相对稳定，但经过插值分析发现，由于重度污染天气下整个石家庄大部分地区都呈现重度污染，污染源呈现片状分布（图 3-6），无法准确寻找真实的污染排放源，所以也不宜用于污染源分析。

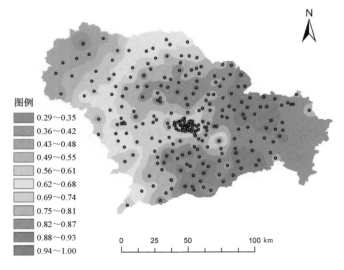

图 3-6　重度污染条件下相对湿度离散系数的归一化分布

结合前期的研究分析发现，在中度或重度污染天气时，由于污染源贡献比较大，并且 "散乱污" 源控制得比较好，点状污染源是重污染的主要成因；在空气质量好或轻度污染时，扩散条件比较好，点状污染源主要通过高架源的形式向周围排放，局部地区的污染主要是由近地面的非点状污染源或 "散乱污" 源造成的。

综上所述，通过研究静稳天气与污染等级的关系，以及基于 GIS 栅格的 "散乱污" 企业判别方法发现，采用轻度污染及中度污染天气下的插值分析效果较好。以石家庄为例，用 GIS 制作了轻度插值—中度插值的空间分布差异规律（图 3-7）。由图 3-7 可知，被矩形框框选的红色区域为高疑似 "散乱污" 源，呈孤岛或点状污染源连接成片分布，符合 "散乱污" 排放特征。西部由于是山地较多，归一化插值差值呈负数，为绿色片区，可以不作为重点关注对象，而东部的南北区域皆存在红色点状污染源，此区域可作为重点监管对象。

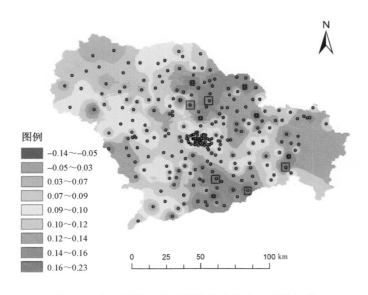

图 3-7 轻度插值—中度插值的空间分布差异规律

3.4.2 石家庄 "散乱污" 源等级划分

利用 K 均值聚类方法优化 "石家庄疑似 '散乱污' 企业集群分布图"，得到石家庄 "散乱污" 企业集群疑似度等级分布情况，聚类分析后 "散乱污" 企业集群疑似度等级划分更为突出和合理（图 3-8）。石家庄 "散乱污" 疑似度分为 5 个等级：一级为红色区域，"散乱污" 疑似度等级最高，主要分布在东部地区，并且在南部和北部呈零星孤岛均匀分布；二级为橙色区域，"散乱污" 疑似度次于红色区域，主要分布在一级的红色孤岛周边，呈连片分布，范围大于一级红色区域；三级为黄色区域，覆盖了石家庄东部、南部的大部分地区，范围最广，"散乱污"疑似度等级较低；四级为浅绿色区域，主要分布在石家庄西北部，东部有零散分布，"散乱污"疑似度等级低；五级为深绿色区域，位于灵寿县县城区域，"散乱污"疑似度等级最低。以上"散乱污"疑似度等级有西北等级低、东部等级高的趋势，这与石家庄西北和西侧以山地为主、东部是平原的地形特征一致，与由山地向平原过渡中人类活动、工业活动越发密集的情况相符。

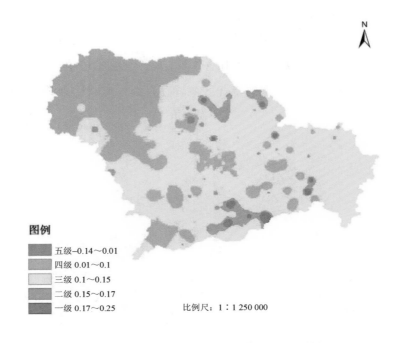

图 3-8　石家庄"散乱污"企业集群疑似度等级

3.4.3　大尺度"散乱污"区划研究

将石家庄"散乱污"企业集群疑似度等级分布矢量图与石家庄土地利用类型分布（图3-9）矢量图叠加，得到石家庄市不同"散乱污"疑似度等级区域的土地利用类型分布情况（图3-10、图3-11）。通过把"散乱污"企业集群疑似度等级与土地利用类型结合，可以把监管等级区划精细到土地利用类型上，从而定位到真正需要监察的地区。

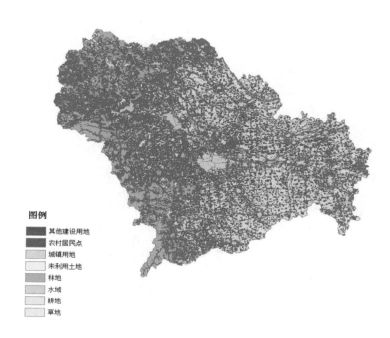

图例

- 其他建设用地
- 农村居民点
- 城镇用地
- 未利用土地
- 林地
- 水域
- 耕地
- 草地

图 3-9 石家庄市土地利用类型

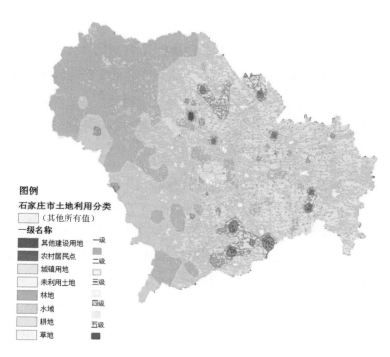

图例

石家庄市土地利用分类

（其他所有值）

一级名称

- 其他建设用地
- 农村居民点
- 城镇用地
- 未利用土地
- 林地
- 水域
- 耕地
- 草地

- 一级
- 二级
- 三级
- 四级
- 五级

图 3-10 石家庄市"散乱污"疑似度等级与土地利用叠加

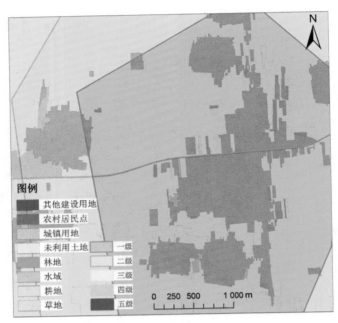

图 3-11　石家庄"散乱污"疑似度等级与土地利用叠加

　　综合研究不同土地利用类型可能产生的污染特征，将"散乱污"监管等级分为三类：一类为重点监察区域，是"散乱污"企业集群疑似度等级中一级红色区域、二级棕色区域中的城镇用地、农村居民点、工矿等其他建设用地；二类为次重点监察区域，是"散乱污"企业集群疑似度等级中三级黄色区域中的城镇用地、农村居民点、工矿等其他建设用地；三类为弱监察区域，该区域分为两块，一是"散乱污"企业集群疑似度等级中四级和五级绿色区域中的城镇用地、农村居民点、工矿等其他建设用地，二是"散乱污"企业集群疑似度等级中所有等级对应的耕地、林地、草地、裸地等未利用土地区域。

3.4.4　小尺度"散乱污"精准化区划研究

　　石家庄"散乱污"企业集群监管等级区划图从宏观上反映了石家庄"散乱污"企业的分布情况，但是缺点是不能表达区域的内部差异和现实情况。"散乱污"企业监管需要的是小尺度、精细化的排放源定位，而卫星影像能直观、精细地获取企业位置和外观等信息，符合小尺度"散乱污"企业定位的要求。将总十字庄镇卫星影像与石家庄"散乱污"企业集群监管等级区划图叠加进行分析得到图 3-12，图中红色线框区域是"散乱污"监管等级区划的一类区域，结合卫星影像中居民点和"蓝房顶"（工厂、企业中的建筑）得到小尺度总十字庄镇"散乱污"监管等级分布情况。图 3-12 中分为三个等级，蓝色区域为蓝色图斑区域,也就是对应"蓝房顶"的工厂、企业等用地区域,为重点监察区域;紫色部分是居民点用地区域,为次重点监察区域;浅绿色部分是耕地用地,为弱监察区域。

图 3-12 总十字庄镇"散乱污"企业监管等级区划

大尺度和小尺度两个角度的区划方法相辅相成、各有优劣。前者反映了石家庄整体的"散乱污"企业分布情况,缺点是不能反映区域的内部差异,同时土地利用类型数据制作成本高、周期长,数据往往有滞后性;卫星影像则更加直观,区域内部结构清晰,数据更迭快、获取成本低、时效性好、定位精细等优势明显,但是这个适用区域范围尺度比较小。所以,两个方法可以结合使用,最终精准地查找到"散乱污"源。

参考文献

[1] 陈红. 大气环境网格化精准监测系统概述[J]. 中国环保产业, 2016 (6): 46-48.
[2] 陈辉, 王桥, 厉青, 等. 大气环境热点网格遥感筛选方法研究[J]. 中国环境科学, 2018, 38 (7): 2461-2470.
[3] 苗志磊. 我市"小散乱污"企业清零整治攻坚行动全面启动[N]. 邯郸日报, 2017-02-24 (001).
[4] 范晓. 明年底前清理整治 5 000 家"小散乱污"企业[N]. 北京日报, 2016-04-20 (002).
[5] 王俊峰. 石家庄取缔整治"小散乱污"企业[N]. 河北日报, 2017-03-01 (010).
[6] 周迎久, 张铭贤. 河北出硬招清理"散乱污"企业[N]. 中国环境报, 2017-05-01 (008).

第 4 章

"散乱污" 企业判别及监管技术

4.1　概述

本章以"散乱污"企业集群重点关注网格为指引，建立了基于多源高分辨率遥感的"散乱污"企业集群精细化判别技术。对"散乱污"企业集群分类建立解译标志，开展特征分析，提取其几何、纹理、光谱等特征，建立京津冀及周边地区"散乱污"企业集群及企业空间分布动态提取技术体系，并开展了实地核查；利用车载光学遥测等手段，结合"散乱污"企业集群地面调查数据及污染源清单资料，研究浓度场分布重构、"散乱污"企业集群溯源、污染排放通量监测的近源遥测识别、近源监管等技术，实现了"散乱污"企业的走航观测。

4.2　卫星遥感数据收集与重点企业判别特征库建立

4.2.1　卫星遥感数据收集

为了满足"散乱污"企业监测对遥感数据应用的需求，针对"散乱污"企业项目自身特点，综合考虑其功能特征、几何特征和遥感特征，开展高分数据采集工作，具体内容如下：

①确认所选择的遥感数据对所监测项目能"看得见、辨得清"，从空间分辨能力进行选择；

②依据"散乱污"企业所处的不同阶段、当地植被生长等季节和生态环境变化因素，从时相特征对遥感影像进行选择；

③依据不同尺度目标设施识别对遥感影像空间分辨率的要求，从空间特征上对遥感影像进行选择；

④依据监测目标及其周边环境在可见光、红外、多光谱、高光谱及合成孔径雷达（Synthetic Aperture Radar，SAR）等不同成像手段和谱段上的表现特征，从遥感波谱特征方面对遥感影像进行选取。

4.2.2　遥感数据保障策略

"散乱污"企业相对比较隐蔽，对环境造成的污染严重，治理难度大，人工监测具有一定的难度。因此，对卫星载荷、数据分辨率及影像拍照时间点的要求较高，以便能够及时准确地识别出"散乱污"企业。一般来讲，常选择具有较高空间分辨率的数据，如全色影像、多光谱影像等监测空间设施的空间结构特征；选择具有热信息的高分辨率遥感数据，如红外遥感影像监测空间设施的工作状态特征；选择光谱信息较为丰富的高光谱遥感数据监测空间设施的材料性质特征；在天气不好的条件下，一般选择具有穿透能力且可全天候观测的高分辨率 SAR 遥感数据。

在进行"散乱污"企业监管时，需要考虑监测区域、项目类型、应用方向。下面以火电厂、水泥厂、钢铁厂三类项目为例说明遥感数据的保障策略（表 4-1）。

表 4-1　区域分级的数据保障策略

项目类型	重点关注区				一般关注区		载荷推荐
	区域划分要求		数据选择要求		数据选择要求		
	中心	半径	分辨率	时间	分辨率	时间	
火电厂	近水靠煤、大型动力车间需求等	10 km	<5.5 m	1—2 月	<5.5 m	6 月、12 月	全色、多光谱、红外
钢铁厂	铁矿和煤矿、水源地、交通等综合因素分析	30 km	<5.5 m	3—4 月	<5.5 m	6 月、12 月	全色、雷达、多光谱、高光谱、红外
	大型联合冶炼厂	10 km					
水泥厂	石灰石矿山	15 km	<5.5 m	1—2 月	<5.5 m	6 月、12 月	全色、多光谱

在环评业务化运行时，其技术推广面向全国范围，从技术实现、成本核算、现场查处等技术及业务方面的难度来看，建议根据所处地域并结合项目分布及建设特点将监测区域进行分级（类）。初步建议可分为两级，即重点关注区域和一般关注区域。所谓重点关注

区是指违法项目高发地段或区域，可以结合项目建设及分布特点进行自定义划分。重点关注区是适宜某一行业项目建设的敏感地带，为有效遏制违法行为，建议在遥感数据保障时可酌情选择高空间分辨率和高时间分辨率的影像。除重点关注区外的其他监测区域即一般关注区，相对可以选择空间分辨率和时间分辨率稍低的影像进行保障。

从应用方向来看，可以分为普查（本底调查）和详查（违法项目等）。一般来讲，本底调查是对一个比较大的区域范围内某种建设项目及其分布情况进行普查，此时企业项目的标志性特征非常明显、便于识别，分辨率要求不高。而对于不易于识别发现的企业监测，则需要详细分辨各组成设施的形态、数量、分布等细节信息，因此对分辨率的要求要稍高一些。具体的保障策略如表 4-2 所示。

表 4-2　面向不同应用的数据保障策略

项目类型	普查		详查	
	载荷	分辨率（全色和雷达）	载荷	分辨率（全色和雷达）
火电厂	全色、多光谱、红外	<5.5 m	全色、多光谱、红外	<3 m
钢铁厂	全色、雷达、多光谱、高光谱、红外	<5.5 m	全色、多光谱、高光谱、红外	<3 m
水泥厂	可见光、多光谱	<5.5 m	可见光、多光谱	<3 m

结合上面的数据筛选、数据保障策略，此次对"2+26"城市（表 4-3）开展的数据获取工作累计安排计划 100 余次，获取有效高分数据 126 景，数据量 1.12 TB。截至目前，获取的历史数据中，高光谱数据 1 680 景，雷达数据 509 景，红外数据 170 景，优于 1 m 数据 4 231 景。具体覆盖如图 4-1～图 4-3 所示。

表 4-3　"2+26"城市列表

省/直辖市	城市
直辖市	北京、天津
河北省	石家庄、唐山、廊坊、保定、沧州、衡水、邢台、邯郸
山西省	太原、阳泉、长治、晋城
山东省	济南、淄博、济宁、德州、聊城、滨州、菏泽
河南省	郑州、开封、安阳、鹤壁、新乡、焦作、濮阳

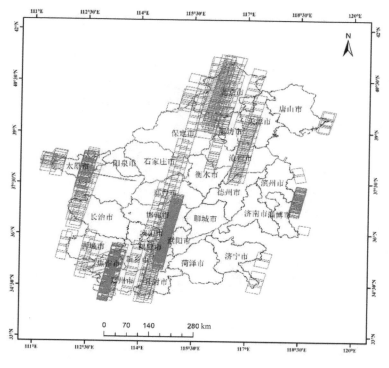

图 4-1 可见光覆盖分布

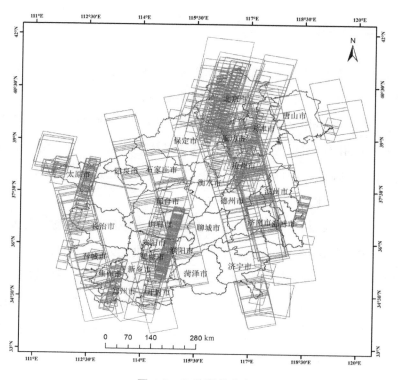

图 4-2 红外覆盖分布

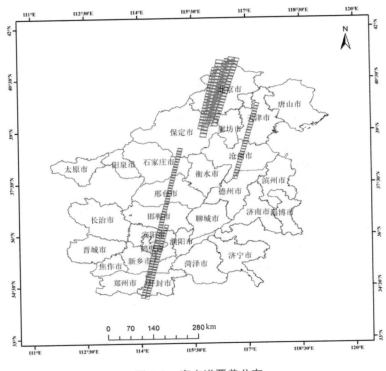

图 4-3   高光谱覆盖分布

4.2.3   重点企业判别特征库建立

重点企业判别特征库建立的依据就是收集整理清晰、准确的高分辨率遥感影像（以下简称高分影像）企业图像样本。样本的选择同其他遥感图像目标解译一样，科学、精细化的遥感数据选择策略离不开对被监测项目目标特性的深入了解和分析。所谓目标特性，是指地物目标所表现的能被明显地辨认、区分或作描述的特征，是对目标进行识别、分析和描述的客观依据。总体来看，目标特性可进一步分为功能、几何和遥感三大类。一个可参考的目标特性解译分类体系如图 4-4 所示。

目标的功能特性是指目标地物自身的功能类型、组成结构、关键部位及相应的属性信息和时空信息，它是判定目标的性质、类型、作用的决定因素，是目标的本质特征。在目标的功能特性中，类别特性和结构特性分别刻画不同目标之间的相似及组装关系，如热电厂与燃煤热电厂之间是相似关系，燃料场与主厂房（锅炉间、汽机间）之间是组装关系。其时空特性描述的是目标的地理位置特点、昼夜或季节变化特点或者运动特征，是目标性质和功能的时空动态表现。

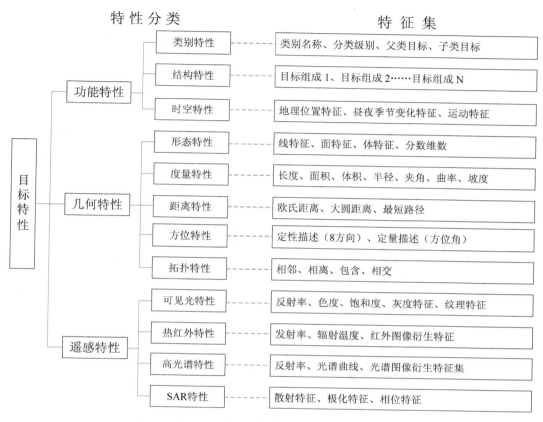

图 4-4 目标特性的组成与分类体系

目标的几何特性是指目标及其组成要素在地理空间上的几何表现形式，包括几何形态、空间度量、距离关系、方位关系、拓扑关系等特征信息。它是对目标结构的空间反映，是图像判读解译过程中对目标进行标绘、测量，进而对项目目标类别、规模和生产能力进行判定的重要依据。例如，矩形和圆形面的特征是很多工厂目标的主要几何特征，热电厂主厂房的长度和宽度基本确立了电厂的规模，热电厂的冷却塔顶口、炼油厂储油罐通常呈圆形等。

目标的遥感特性是指目标对不同波段电磁波的辐射、吸收及散射特征。在光学成像中，目标的遥感特性就是光学特性，即目标对太阳光谱的辐射、吸收和反射能力，在图像上主要表现为颜色的差异、灰度的明暗和纹理的变化；在热红外图像中，目标的遥感特性就是热辐射特性，即目标自身的热辐射能力和温度状态，在图像上主要表现为灰度的明暗（温度的分布）或者伪彩色色度的变化；在雷达成像中，由于成像机制的本质差别，图像反映的是地物目标对微波电磁波的散射分布特性，同样的目标，由于材质、粗糙程度的变化及雷达工作频段、极化方式、观测角度的不同，目标的散射强度和分布都会产生很大变化。

利用"散乱污"企业的遥感图像特征结合生态环境部卫星环境应用中心提供的 2 000 多处"散乱污"企业坐标信息进行"散乱污"样本信息提取，共整理出图斑样本 21 类（表 4-4 和表 4-5）。

表 4-4 "散乱污"特征库建设情况

序号	数量	企业名称	序号	数量	企业名称
1	4	发电厂	12	1	机械设备有限公司
2	4	水泥厂	13	2	木业有限公司
3	4	机械厂	14	1	建材厂
4	5	喷涂厂	15	2	地板厂
5	41	家具厂	16	1	橱柜门厂
6	3	玻璃厂	17	13	水泥制品厂
7	4	五金加工厂	18	2	管厂
8	2	铸铝厂	19	3	砖厂
9	1	钢管厂	20	1	石材
10	5	塑料厂加工厂	21	1	矿粉有限公司
11	5	彩钢厂			

表 4-5 特征库

分类	解译目标	解译特征	卫星影像	样本图斑
1-1	发电厂	有细长烟囱、小型发电机组、辅助机房、人员居住房屋、煤或者燃气库房	1 m 可见光，YG24、YG26 融合影像	
2-1	水泥厂	有圆形水泥罐、多栋联排厂房，周边有水泥散落物，一般为水泥存放处	1 m 可见光，YG24、YG26 融合影像	

分类	解译目标	解译特征	卫星影像	样本图斑
4-1	喷涂厂	厂房若干,一般分为调漆房、涂漆车间、烘干车间、油漆库房、洗件池等,涂漆车间顶部通常有喷绘油漆污染,颜色发深	1 m 可见光,YG24、YG26 融合影像	
5-1	家具厂	有大面积厂房,分为生产车间、成品车间等,屋顶多为红色或蓝色,厂房外有不规则木材堆积;较大的家具厂附带有喷绘车间,兼具涂喷厂的解译特征;具备洗件池,烤漆炉,污水处理设施	1 m 可见光,YG24、YG26 融合影像	
8-1	铸铝厂	厂区不规整,距居民区较远,厂房屋顶颜色较深,厂区院落污渍严重颜色发黑,周围地区污染重	1 m 可见光,YG24、YG26 融合影像	
10-1	塑料加工厂	厂区车间根据工序分为原料车间、生产车间、成品与半成品车间、不可利用废物车间,车间外有原料堆放,与居民区距离大,厂区内有时有焚烧迹象	1 m 可见光,YG24、YG26 融合影像	

4.3   基于卫星遥感的"散乱污"企业集群精细化判别方法

4.3.1   几何特征提取法

直观的形状特征[1]是基本形状参数，如面积、周长、直径、距离，以及进一步计算得到的圆度、偏心率等比例。这些参数代表的物理意义直观、计算简单。

Zernike 矩[2]是基于 Zernike 多项式的正交化函数，所利用的正交多项式集是一个在单位圆内的完备正交集。当计算一幅图像的 Zernike 矩时，以该图像的形心（也称作重心）为原点，把像素坐标映射到单位圆内。Zernike 矩是复数矩，一般把 Zernike 矩的模作为特征来描述物体形状。一个目标对象的形状特征可以用一组很小的 Zernike 矩特征向量很好地表示，低阶矩特征向量描述的是一幅图像目标的整体形状，高阶矩特征向量描述的是图像目标的细节。Zernike 矩是最常见的基于区域的描述子，对平移、比例和旋转具有不变性。

4.3.2   纹理特征提取法

纹理特征[3, 4]同样从可见光图像中提取，拟采用 Gabor 滤波器组[5]描述目标纹理的频谱特性，利用局部二值模式（Local Binary Pattern，LBP）特征描述目标纹理结构，使用灰度共生矩阵（Gray Level CO-Occurrence Matrix，GLCM）特征描述目标纹理一致性。

1. Gabor 特征

Gabor 特征[6, 7]是一种小波特征，它的本质是用包含不同尺度滤波器的一个滤波器集合对数字图像进行处理，然后通过分析、量化滤波的结果来对图像进行表述，对方向异性的滤波器来说，不同的滤波方向可以表述图像中目标的不同纹理。Gabor 特征提取方法确保了在频谱中滤波器响应的半峰幅度互相接触，以便减少数据冗余，最后采用各滤波器响应的均值和方差作为纹理特征，思路如下：

二维的 Gabor 函数 $g(x,y)$ 及它的傅里叶变换 $G(u,v)$ 可以记为

$$g(x, y) = (\frac{1}{2\pi\sigma_x\sigma_y})\exp[-\frac{1}{2}(\frac{x^2}{\sigma_x^2} + \frac{y^2}{\sigma_y^2}) + 2\pi Wx] \quad (4\text{-}1)$$

$$G(u,v) = \exp\{-\frac{1}{2}[\frac{(u-W)^2}{\sigma_u^2} + \frac{v^2}{\sigma_v^2}]\} \qquad (4\text{-}2)$$

式中，$\sigma_u = 1/(2\pi\sigma_x)$，$\sigma_v = 1/(2\pi\sigma_y)$。通过把 $g(x,y)$ 缩放和旋转可以获得一组 Gabor 小波基函数，见式（4-3）：

$$g_{mn}(x,y) = a^{-m}G(x',y') \qquad (4\text{-}3)$$

式中，$a>0$，m，n 为整数。

$$x' = a^{-m}(x\cos\theta + y\sin\theta)，\quad y' = a^{-m}(-x\sin\theta + y\cos\theta) \qquad (4\text{-}4)$$

式中，$\theta = n\pi/K$，K 是总方向数，而尺度因子 a^{-m} 保证能量独立于 m。

Gabor 滤波后的图像存在信息冗余，需要采取一定的方法来减少这种冗余。使用 U_l 和 U_h 分别表示感兴趣频段的低频和高频中心频率。设 K 是方向数目，S 是所需考虑的尺度个数。设计策略是确保在频谱中滤波器响应的半峰幅度互相接触，通过式（4-5）计算滤波器参数（σ_u、σ_v、σ_x、σ_y）来实现。

$$\begin{cases} a = (\dfrac{U_h}{U_l})^{-\frac{1}{S-1}} \\[2ex] \sigma_u = \dfrac{(a-1)U_h}{(a+1)\sqrt{2\ln 2}} \\[2ex] \sigma_v = \tan(\dfrac{\pi}{2K})\left[U_h - 2\ln(\dfrac{\sigma_u^2}{U_h})\right]\left[2\ln 2 - \dfrac{(2\ln 2)^2\sigma_u^2}{U_h^2}\right]^{-\frac{1}{2}} \end{cases} \qquad (4\text{-}5)$$

$W = U_h$，且 $m = 0,1,\cdots,S-1$。为了消除滤波器响应对绝对强度值的敏感性，将二维 Gabor 滤波器的实部都加上一个常量，使它们的均值为 0，也可以通过把 $G(0,0)$ 设为 0 来实现。

对于给定的 Gabor 小波基函数 $g_{mn}(x,y) = a^{-m}G(x',y')$（$m = 1,2,\cdots,S$，$n = 1,2,\cdots,K$），取多分辨率分解的尺度数 $S = 4$、方向数 $K = 8$ 可以得到一组 Gabor 滤波器组，如图 4-5 所示。

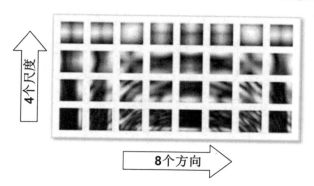

图 4-5　4 个尺度、8 个方向的 Gabor 滤波器组

给定图像 $I(x, y)$ ，其 Gabor 小波变换可以定义为

$$W_{mn}(x, y) = \int I(x_1, y_1)g_{mn}^*(x - x_1, y - y_1)\mathrm{d}x_1\mathrm{d}y_1 \qquad (4\text{-}6)$$

式中， $W_{mn}(x, y)$ ——Gabor 滤波图像；

*——复共轭。

一般认为局部纹理区域具有空间相似性，在分类或检索中，可以使用 Gabor 滤波图像 $W_{mn}(x, y)$ 系数模的均值 μ_{mn} 和标准差 σ_{mn} 来描述纹理区域。

$$\begin{cases} \mu_{mn} = \int\int |W_{mn}(x, y)|\mathrm{d}x\mathrm{d}y \\ \sigma_{mn} = \sqrt{\int\int (|W_{mn}(x, y)| - \mu_{mn})^2 \mathrm{d}x\mathrm{d}y} \end{cases} \qquad (4\text{-}7)$$

如使用 4 个尺度（$S=4$）和 8 个方向（$K=8$）的 Gabor 滤波器组提取图像纹理特性，最终获得的特征向量为

$$\boldsymbol{f} = (\mu_{00}, \sigma_{00}, \mu_{01}, \sigma_{01}, \cdots, \mu_{mn}, \sigma_{mn}, \cdots, \mu_{37}, \sigma_{37}) \qquad (4\text{-}8)$$

式中， m ， n ——尺度和方向的变化。

可见，光图像能够较好地保留企业目标的纹理信息，因此使用基于 Gabor 滤波器组的特征 f 可较为全面地描述企业目标图像中存在的纹理信息。

2. LBP 纹理特征

LBP[8, 9]是经典的纹理描述子，通常用于灰度图像，可对像素点与其周围像素点的纹理关系进行提取。LBP 最初用于描述纹理特性，现已被普遍用于图像处理的诸多领域。LBP 算子通过比较目标像素点与周围像素点的灰度关系将周围的像素按照一定的顺序进行二值编码，组成一个二进制数值，作为这一像素点的特征值。

对一幅图像中的某一像素点 $I(x, y)$ ，将其作为中心，用 p_c 表示，如图 4-6 所示。

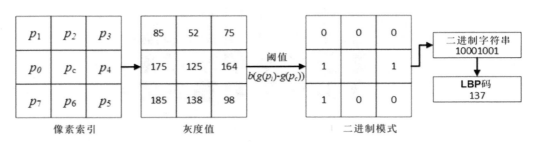

图 4-6 局部二值模式特征（LBP）

LBP 一般考虑其八邻域的像素点，从左侧开始顺时针依次记为 $p_0 \sim p_7$，那么点 $I(x, y)$ 的 LBP 特征值的数学表达式可以写为

$$\mathrm{LBP}(p_c) = \sum_{i=0}^{7} 2^i b[g(p_i) - g(p_c)] \tag{4-9}$$

式中，$g(p_i)$——点 p_i 的灰度值；

$b(u)$——二值函数，定义为

$$b(u) = \begin{cases} 1 & u \geq 0 \\ 0 & u < 0 \end{cases} \tag{4-10}$$

对式 LBP 的直观理解是，比较中心像素点 p_c 与 p_i 的灰度值，如果 $p_c > p_i$，则 p_i 处标记为 1，反之为 0，即进行二值编码，然后从左侧开始顺时针将二值编码排列成一个八位二进制数，它所对应的十进制数值即为点 p_c 的 LBP 特征值。

这样一来，每个像素点就可以由一个特征值来表示，为了使 LBP 特征可以表示区域或全局特征，通常将这些特征值统计为与灰度直方图对等的 LBP 特征直方图。八邻域的 LBP 特征编码范围是 0~255，所以 LBP 特征的直方图维数是 256。然而，在这 256 种编码中并不是所有的都具有明确的意义，有必要对其进行降维处理。有学者提出用一种等价模式（Uniform Pattern）对 LBP 算子降维，认为在实际图像中绝大多数 LBP 模式的二值编码中最多包含两次 1~0 或 0~1 的跳变，而符合这一条件的八邻域 LBP 模式共有 58 个，其他的 198 维被视为不包含有用信息的编码，可以将这 198 维合并为 1 维，而保留符合等价模式规则的 58 维，共 59 维代替传统 LBP 直方图来对图像进行描述。

直方图的本质为一个多维特征向量，这就使 LBP 特征具有与 Gabor 特征相同的表达形式，但 LBP 特征更加注重图像中局部区域的结构，在使用中与 Gabor 特征具有互补的作用。在对"散乱污"企业目标提取 LBP 特征时，拟同样采用分块提取的方式。考虑到 LBP 特征是逐点统计的形式，特征提取单元较小，故将原始图像分为更加稠密的块，每个图像被分为 32×32 的图像块，每块分别提取 LBP 特征，经统计获得 59 维的等价 LBP 直方图，作为 59 维特征向量使用。最终，计算图像中各图像块 LBP 直方图每一维度的均值与方差，形成与 Gabor 特征类似的 118 维度向量，用于描述企业目标的局部纹理结构。

3. GLCM 纹理特征

GLCM 是像素距离和角度的矩阵函数，它通过计算图像中一定距离和一定方向的两点灰度之间的相关性来反映图像在方向、间隔、变化幅度及快慢上的综合信息。

GLCM[10, 11]表示在一种纹理模式下像素灰度的空间关系。它的弱点是没有完全抓住局

部灰度的图形特点，因此对于较大的局部，此方法的效果不太理想。灰度共生矩阵为方阵，维数等于图像的灰度级。灰度共生矩阵中的元素（i，j）的值表示在图像中其中一个像素的灰度值为 i、另一个像素的灰度值为 j 且相邻距离为 d、方向为 A 的这样两个像素出现的次数。在实际应用中，A 一般选择为 0°、45°、90°、135°。一般来说，灰度图像的灰度级为 256，在计算由灰度共生矩阵推导出的纹理特征时，要求图像的灰度级远小于 256，主要是因为矩阵维数较大而窗口的尺寸较小时灰度共生矩阵不能很好地表示纹理，如要很好地表示纹理则要求窗口尺寸较大，这样使计算量大大增加，而且当窗口尺寸较大时对每类的边界区域误识率较大。所以，在计算灰度共生矩阵之前需要对图像进行直方图规定化，以减小图像的灰度级，一般规定化后图像的灰度级为 8 或 16。

由灰度共生矩阵能够导出许多纹理特征，共计算出 14 种灰度共生矩阵特征，分别为纹理二阶距、纹理熵、纹理对比度、纹理均匀性、纹理相关、逆差分矩、最大概率、纹理方差、共生和均值、共生和方差、共生和熵、共生差均值、共生差方差、共生差熵。

为了能更直观地以共生矩阵描述纹理状况，以上特征可以归为 4 类，分别描述共生矩阵各方面的属性：

①能量（ASM）：灰度共生矩阵元素值的平方和，所以也称能量，反映了图像灰度分布均匀程度和纹理粗细度。如果共生矩阵的所有值均相等，则 ASM 值小；相反，如果其中一些值大而其他值小，则 ASM 值大。当共生矩阵中的元素集中分布时，ASM 值大。ASM 值大表明一种较为规则变化的纹理模式。

②对比度（CON）[12]：反映了图像的清晰度和纹理沟纹深浅的程度。纹理沟纹越深，其对比度越大，视觉效果越清晰；反之，对比度越小，则沟纹越浅，效果越模糊。灰度差越大，即对比度大的像素对越多，这个值越大。灰度共生矩阵中远离对角线的元素值越大，CON 越大。

③相关（COR）[13]：度量空间灰度共生矩阵元素在行或列方向上的相似程度，相关值大小反映了图像中局部灰度相关性。当矩阵元素值均匀相等时，相关值就大；相反，如果矩阵像元值相差很大，则相关值小。如果图像中有水平方向纹理，则水平方向矩阵的 COR 大于其余矩阵的 COR 值。

④熵[14]：图像所具有的信息量的度量。纹理信息也属于图像的信息，是一个随机性的度量。当共生矩阵中所有元素有最大的随机性、空间共生矩阵中所有值几乎相等，共生矩阵中的元素分散分布时，熵较大。它表示了图像中纹理的非均匀程度或复杂程度。

4.3.3 光谱特征提取法

对可见光成像中红、绿、蓝三个波段及红外波段幅值进行统计，进而获得目标的光谱特性，再与其他可用波段光谱进行结合，可形成企业高光谱数据，然后采用高光谱数据分析方法提取目标企业的光谱特征。本项目拟采用基于稀疏自编码（Stacked sparse auto-encoder, SAE）[15]的高光谱特征提取方法。

自编码器（Auto-encoders，AE）[16, 17]是一种神经网络（Neutral networks，NN）模型，一般形式为一个三层的神经元网络结构，如图 4-7 所示。

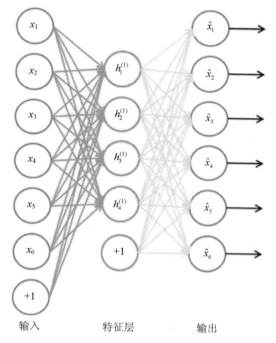

图 4-7 稀疏自编码网络结构

自编码网络的第一层（L1）为原始数据层或输入层，用向量 $x \in \mathbb{R}^d$ 表示，d 表示数据的维数，同时也是该层网络的神经元数量；第二层（L2）被视为特征层或编码层，用 $h \in \mathbb{R}^l$ 表示，l 表示特征层的维数，这一层是自编码网络的核心，也是该网络的目标层，其输出被看作数据 x 的特征或编码，一般情况下，该层的神经元数量少于数据层；第三层（L3）被称为重建层或输出层，用 $\tilde{x} \in \mathbb{R}^d$ 表示，其神经元个数与数据层相同。所谓自编码网络，其思想是寻找一个比数据维数更低的特征空间，并学习出数据与该空间的映射（L1～L2）与反映射（L2～L3）函数，使数据可以在该空间有对应的特征或编码，且能够仅依赖该编码重建原始数据。通过反复迭代训练，数据的内在联系与区别将反映在维数更低的特征空间中，同时在一定程度上减少冗余、去除噪声。自编码网络经常用于深度神经元网络的预训练。

自编码网络为前向传播网络，各层之间的连接为典型的神经元网络结构，以 L1 与 L2 之间的连接为例，L2 层第 j 个神经元的输出可以表示为

$$h_j = \sigma(\sum_{i=1}^{d} w_{ij} x_i + b_j) \tag{4-11}$$

式中，x_i——数据向量 $\boldsymbol{x}$ 中的第 i 维；

w_{ij}——网络权重系；

b_j——偏置系数；

σ——神经元的激活函数，一般采用 sigmoid 函数或反正切函数；

h_j——L2 层第 j 个神经元的输出。

为了便于表示，通常用向量运算表示两层神经元网络间的计算关系：

$$h_j = \sigma(\boldsymbol{w}_j^{\mathrm{T}} \boldsymbol{x} + b_j) \tag{4-12}$$

式中，$\boldsymbol{w}_j = (w_{1j}, w_{2j}, \cdots, w_{dj})^{\mathrm{T}}$，表示权重向量。

进一步，将 L2 层所有神经元的权重向量写成矩阵形式，用 $\boldsymbol{W} = (\boldsymbol{w_1}, \boldsymbol{w_2}, \cdots, \boldsymbol{w_l})$ 表示，第二层的输出可以表示为

$$\boldsymbol{h} = \sigma(\boldsymbol{W}^{\mathrm{T}} \boldsymbol{x} + \boldsymbol{b}) \tag{4-13}$$

L2 与 L3 之间的连接方式与上述相同，可以表示为

$$\tilde{\boldsymbol{x}} = \sigma(\tilde{\boldsymbol{W}}^{\mathrm{T}} \boldsymbol{h} + \tilde{\boldsymbol{b}}) \tag{4-14}$$

式中，$\boldsymbol{h} = (h_1, h_2, \cdots, h_l)^{\mathrm{T}}$，$\boldsymbol{b} = (b_1, b_2, \cdots, b_l)^{\mathrm{T}}$；

$\tilde{\boldsymbol{W}}$，$\tilde{\boldsymbol{b}}$——相应的权重矩阵和偏置；

$\tilde{\boldsymbol{x}}$——重建层（L3）的输出。

将重建数据 $\tilde{\boldsymbol{x}}$ 表示为输入数据 $\boldsymbol{x}$ 的函数，记作 $\tilde{\boldsymbol{x}} = f(\boldsymbol{x})$，自编码网络模型的重建误差可由均方误差（Mean Square Error，MSE）定义：

$$J = \frac{1}{m} \sum_k^m \left(\frac{1}{2} \| f(\boldsymbol{x}_k) - \boldsymbol{x}_k \|^2 \right) \tag{4-15}$$

式中，m——训练样本的数量。

为了降低模型过拟合的风险，采用 F 范数对涉及的网络权重 $\boldsymbol{W}$ 和 $\tilde{\boldsymbol{W}}$ 进行正则化，将上述重建误差修正为

$$J = \frac{1}{m} \sum_k^m \left(\frac{1}{2} \| f(\boldsymbol{x}_k) - \boldsymbol{x}_k \|^2 \right) + \frac{\lambda}{2} \left(\| \boldsymbol{W} \|_F^2 + \| \tilde{\boldsymbol{W}} \|_F^2 \right) \tag{4-16}$$

式中，λ——正则化项的权重系数。

稀疏自编码是对自编码网络的一种扩展,其做法是在自编码网络的 L2 层,即编码层添加稀疏约束。稀疏约束可以提高 L2 层神经元的抽象化能力,SAE 模型的稀疏约束由 Kullback-Leibler(KL)散度定义。令训练样本 x_k 在 L2 层第 j 个神经元上的响应为 $h_j(x_k)$,该神经元在所有训练样本上响应的稀疏度(sparsity)定义为

$$\hat{\rho}_j = \frac{1}{m} \sum_{k=1}^{m} h_j(x_k)$$ (4-17)

其意义是训练集样本在该神经元上的响应均值。在这一定义下,$\hat{\rho}_j$ 越小,意味着在第 j 个神经元上具有较大响应值的数据越少,进而通过建模迫使 $\hat{\rho}_j$ 等于某一接近 0 的值 ρ(如 $\rho = 0.05$),可以使该神经元专注于样本中某种特定的模式响应,即在响应上达到稀疏的效果。在模型建立过程中,$\hat{\rho}_j$ 与 ρ 的一致度利用 KL 散度[18]描述:

$$KL(\rho \| \hat{\rho}_j) = \rho \log \frac{\rho}{\hat{\rho}_j} + (1-\rho) \log \frac{1-\rho}{1-\hat{\rho}_j}$$ (4-18)

显然,$\hat{\rho}_j = \rho$ 时,方程的取值为 0;$\hat{\rho}_j \neq \rho$ 时,方程取值大于 0,且取值随 $\hat{\rho}_j$ 与 ρ 差距的增加而增大。将稀疏约束添加到自编码网络的目标函数中,形成 SAE 网络的目标函数:

$$J = \frac{1}{m} \sum_k^m \left(\frac{1}{2} \| h(x_k) - \hat{x}_k \|^2 \right) + \frac{\lambda}{2} \left(\| W \|_F^2 + \| \tilde{W} \|_F^2 \right) + \sum_{j=1}^{n} KL(\rho \| \hat{\rho}_j)$$ (4-19)

式中,n——L2 层神经元的数量。

SAE 本质上是一个神经元网络,可以使用反向传播算法求解。求解后,L2 层的输出将对输入样本中包含的模式有较强的抽象能力。采用 SAE 网络对企业高光谱信息进行压缩降维,可以解析出"散乱污"企业独有的光谱特征,用于辅助判读。

4.3.4 高层语义特征综合方法

拟采用深度卷积神经元网络(Convolutional Neural Networks,CNN)学习方法,充分挖掘多光谱数据中包含的"散乱污"企业深度特征,通过对多光谱图像数据分类来辅助"散乱污"企业判读。

CNN[19, 20]是一种有代表性的深度学习网络结构,是一种专门用来处理具有类似网格结构数据的神经网络,如图像可以看作二维的像素网格。如其名字所定义,卷积神经网络中至少有一层使用卷积运算来替代一般的矩阵乘法运算。CNN 最初用于计算机视觉与图像分析中,并获得巨大成功,目前已有很多领域(自然语言处理、语音识别、深度强化学习)开始使用 CNN 解决问题。主要原因是 CNN 有以下特点:局部连接、权值共享、池化操作、多层次结构。局部连接使网络可以提取数据的局部特征;权值共享大大降低了网络的训练

难度,一个卷积核只提取一个特征,在整个图像(或者语音、文本)中进行卷积;池化操作与多层次结构一起实现了数据的降维,将低层次的局部特征组合成为较高层次的语义特征,从而对整个图片进行准确描述。CNN 主要由卷积层与池化层组成,也包括一般神经网络中具有的全连接层和其他辅助层。

在神经网络的训练中,输入通常是多维数组的数据,而权重通常是由学习算法优化得到的多维数组参数。这种多维数组叫作张量,一个卷积运算的输入与输出均为张量形式。

卷积的输入为包含若干通道的二维特征图,将其与若干卷积核进行卷积操作并进行偏置后得到输出,形式同样是若干通道的二维特征图。设输入层特征图大小为 $n_1^{(l)} \cdot n_2^{(l)}$(宽与高),通道数为 $n_3^{(l)}$,输出层特征图大小为 $n_1^{(l+1)} \cdot n_2^{(l+1)}$,通道数为 $n_3^{(l+1)}$,则输出层(第 $l+1$ 层)的第 i 个通道计算公式为

$$Z_i^{(l+1)} = B_i^{(l)} + \sum_{j=1}^{n_3^{(l)}} W_{ij}^{(l)} * A_j^{(l)} \tag{4-20}$$

式中, $B_i^{(l)}$——偏置矩阵;

$W_{ij}^{(l)}$——第 i 个输出通道对应的卷积核的第 j 个通道,是一个二维矩阵,对应输入层(第1层)的 j 个通道;

*——多维卷积操作,卷积操作整体如图 4-8 所示。

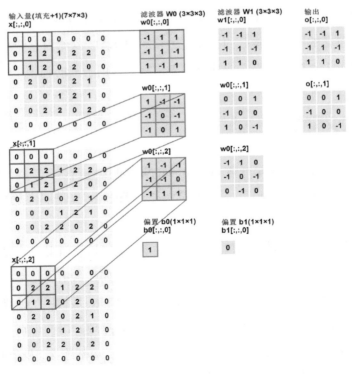

图 4-8　卷积计算过程

图 4-8 中最左列是输入层大小，为 5×5（外围的 0 为补边）且通道数为 3，中间两列分别是两个大小为 3×3 的 3 通道卷积核及偏置，最右列是大小为 3×3 的 2 通道输出层。

池化（pooling）是一种以降采样为目的的滤波操作，如图 4-9 所示，使用单通道特征图中某一位置邻域总体统计特征来代替网络在该位置的输出，常见的包括最大池化、平均池化等。池化操作是分通道进行的，这与卷积有明显不同。池化提高了网络的局部平移不变性，当输入进行少量平移时，池化能够帮助输出的表示近似不变，从而提升了所学习特征的鲁棒性和模型的复杂度。全局池化（global pooling）将邻域推广到整个特征图，这样任意大小的单通道特征图都可以得到一个值，于是 C 通道特征图转化为一个 C 维向量，全局可以保持特征图的旋转不变性，同时不限制输入特征图的大小，其本身无须参数，适用于图像中由卷积层到全连接层的转换。CNN 中一个典型卷积层包含三级运算，即卷积、激活与池化。其中，激活运算与一般神经网络的激活层类似，但是要按照张量逐元素进行。

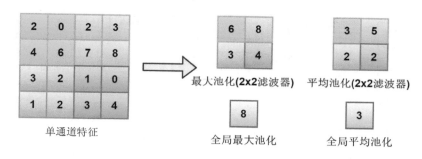

单通道特征

最大池化(2x2滤波器)　　平均池化(2x2滤波器)

全局最大池化　　　　　全局平均池化

图 4-9　池化操作示意

卷积与池化中蕴含着与图像分布有关的语义信息，可以把卷积网络类比为普通的全连接网络，但对于这个全连接网络的权重有一个无限强先验。这个无限强先验指每个隐藏单元的权重必须与其相邻单元有相同权重，但可以在空间上移动。这个先验也要求除隐藏单元的邻域空间连续感受野内的权重外，其余的权重都为零。这样，卷积层可以看作是对网络中一层的参数引入了一个无限强的先验概率分布，这个先验说明该层应该学得的函数只包含局部连接关系且对平移具有等变性。类似地，使用池化也是一个无限强的先验：每一个单元都具有对少量平移的不变性。

CNN 中还包含一些有助于网络训练的辅助层。例如，全连接层即普通前馈神经网络中的特征层，输入为上一层的全部输出，包含线性运算和激活函数。归一化层可以使位于不同维度上具有相同坐标的节点和相同维度内的相邻节点的输出在尺度上保持一致，包括局部响应归一化（Local Response Normalization，LRN）和批量归一化（Batch Normalization，BN）[21]。Dropout 层在训练时随机冻结部分神经元，以增强网络复杂度，防止过拟合。

图 4-10 为 Alex 等人提出的典型 CNN 结构，称为 AlexNet[22]。AlexNet 在 2012 年的 ILSVRC 中取得了巨大成功，证实了 CNN 在计算机视觉任务中的有效性。AlexNet 包含 8 层，其中前 5 层为卷积层（Conv），后 3 层为全连接层（Full Connect，FC），输入为 3×224×224 的图像，输出为 1 000 维的 Softmax 概率向量。Conv1 包含 96 个 3×11×11 的卷积核，卷积步长为 4，Conv2 包含 256 个 48×5×5 的卷积核，Conv3 包含 384 个 256×3×3 的卷积核，Conv4 包含 384 个 192×3×3 的卷积核，Conv5 包含 256 个 192×3×3 的卷积核；FC6 和 FC7 的神经元个数均为 4 096，FC8 的神经元个数为 1 000，即网络输出维度。Conv1 和 Conv3 后接 LRN 层，Conv5 后接池化层并将输出降维至一维作为 FC6 的输入。在 AlexNet 之后，出现了 VggNet[23]、GoogleNet[24]、ResNet[25]、DenseNet[26]等多个经典 CNN 结构，性能不断增强。

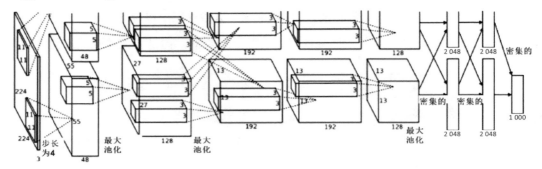

图 4-10　AlexNet 结构

面对采集的高光谱数据，具体实施方法如图 4-11 所示。针对各谱段采集的数据的特点分别建立卷积神经元网络，提取目标深度特征，然后将深度特征进行融合，配合以上工作中提取的几何、纹理、光谱、温度等量化特征，实现对"散乱污"企业的预测，为目标人工判读提供辅助信息。

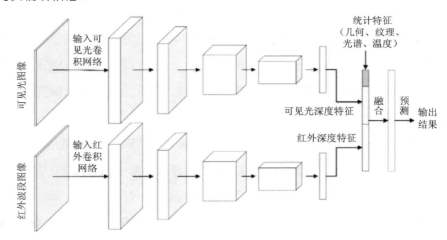

图 4-11　基于卷积神经元网络的"散乱污"企业预测分析方案

4.3.5 示范应用

1. "散乱污"企业判别结果数据集

为了实现"散乱污"企业光谱信息采集与分析最终的目标检测功能，配合相关的目标检测算法，需要根据已有的遥感数据矢量点标注信息，重新制作适用的数据集。按照 PASCAL VOC 2007 的格式，选取既有标注中种类明确且数量相对较多的目标共 6 类进行数据集制作。

多光谱数据：128 张包含特定目标的裁剪 tif 图像，分辨率为 4 m，大小约为 600×600，其中钢铁厂 37 张图像、储油罐 16 张图像、发电厂 23 张图像、汽修厂 25 张图像、水泥厂 27 张图像、垃圾场 11 张图像。

全色数据：79 张包含特定目标的裁剪 tif 图像，分辨率为 1 m，大小约为 600×600，其中钢铁厂 23 张图像、储油罐 16 张图像、发电厂 18 张图像、汽修厂 11 张图像、水泥厂 11 张图像、垃圾场 11 张图像。

红外数据：70 张包含特定目标的裁剪 tif 图像，分辨率为 4 m，大小约为 500×500，其中钢铁厂 34 张、水泥厂 19 张、发电厂 17 张。由于红外遥感数据分辨率低，人眼无法看出目标信息，所以需要比对相应的多光谱数据进行标注，而红外光谱数据源与多光谱数据相比较少，所以目标总量较少。

高光谱数据：48 张包含特定目标的裁剪 tif 图像，分辨率为 5 m，大小约为 500×500，其中钢铁厂 21 张、水泥厂 16 张、发电厂 11 张。由于高光谱遥感数据分辨率低，人眼无法看出目标信息，所以需要比对相应的多光谱数据进行标注，而高光谱数据源与多光谱数据相比较少，所以目标总量较少。

由于数据缺乏及分辨率低造成目标不可见，对红外数据和高光谱数据只检测钢铁厂、水泥厂和发电厂 3 类。

2. 实地验证

根据数据掌握情况，针对数据库中的数据和实际的检测结果在北京、廊坊、唐山和宝鸡进行实地考察。所有考察数据已经整理成文件，下面是各个地方考察结果的简单展示，包含发电厂、汽修厂、钢铁厂、储油罐和水泥厂 5 类目标。

（1）北京考察结果

北京包含 3 个发电厂目标，其分布的位置如图 4-12 所示。

图 4-12   北京包含目标分布

图 4-13 是其中一个目标的实地考察结果。

图 4-13   发电厂实地考察

（2）廊坊考察结果

廊坊包含的目标种类较多，包括在项目研究种类内的有水泥厂、汽修厂和储油罐等，分布情况如图 4-14 所示。

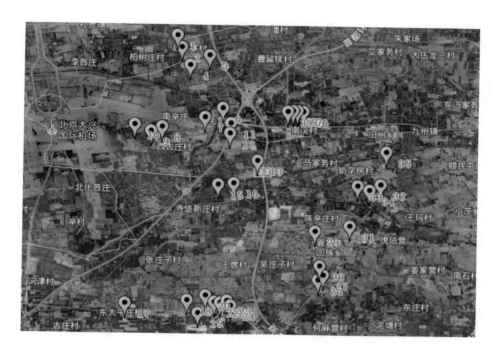

图 4-14 廊坊目标分布

图 4-15 是其中一个目标汽修厂的考察结果。

图 4-15 汽修厂卫星图和实地考察

（3）唐山考察结果

唐山包含发电厂、钢铁厂和造纸厂目标，其分布的位置如图 4-16 所示。

图 4-16　唐山目标分布

图 4-17 和图 4-18 是其中一个目标钢铁厂的考察结果。

图 4-17　钢铁厂卫星图

图 4-18 钢铁厂实地考察

（4）宝鸡考察结果

宝鸡包含的目标种类较多，包括储油罐、发电厂、钢铁厂、水泥厂和污水处理厂等，分布情况如图 4-19 所示。

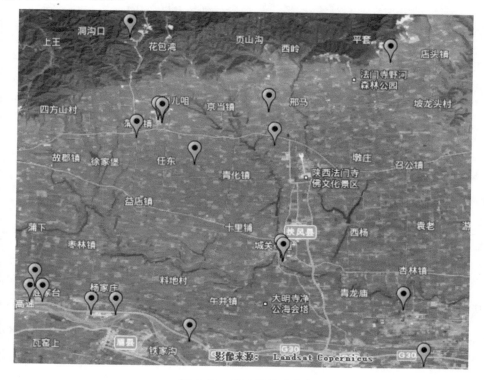

图 4-19 宝鸡目标分布

图 4-20 是其中一个目标储油罐的考察结果。

图 4-20　储油罐实地考察

图 4-21、图 4-22 是其中一个目标水泥厂的考察结果。

图 4-21　水泥厂卫星图　　　　　图 4-22　水泥厂实地考察

4.4　车载 DOAS 遥测技术

4.4.1　概述

从 20 世纪开始，德国、比利时、英国、美国、日本等国家的研究人员陆续开展了以 DOAS 技术为代表的地基主被动光谱技术的大气污染观测。近年来，基于主被动 DOAS 技术的现场/遥测系统也用于车（船）等移动平台，通过对研究区域的走航观测，获得行进方向上的污染物分布信息及区域污染排放通量。

车载光学监测技术具有灵活、快速等优点，在区域污染气体分布及输送监测、污染源快速识别及排放通量监测方面具有很大的技术优势。目前，国内以中国科学院合肥物质科学研究院（安徽光学精密机械研究所）为代表发展了车载 DOAS 系统，并在北京奥运会、广州亚运会、上海世博会、南京青奥会等国家重大活动的减排措施评估和区域输送影响研究等方面发挥了重要作用。总体技术路线如图 4-23 所示。

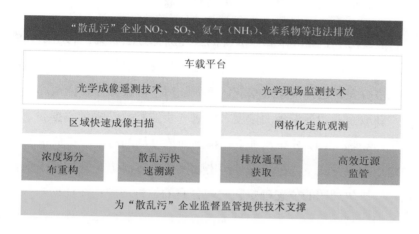

图 4-23 总体技术路线

1. 结合成像遥测及现场监测数据插值的浓度场分布重构方法

通过研究定点二维扫描及走航推扫成像、车载移动数据网格化同化方法，获取了污染气团垂直剖面浓度场分布及污染气体浓度水平分布。利用高分辨率光谱成像技术的污染气体遥测成像技术，通过定点二维扫描及走航推扫成像，结合插值重建技术和地理信息，实现污染气团垂直剖面浓度场分布重构（图 4-24）。

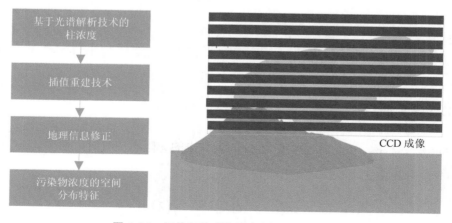

图 4-24 污染气体成像垂直剖面浓度场分布

针对污染浓度的水平分布，开展基于光学现场监测及光学遥测技术的区域污染物柱浓度及近地面浓度分布的网格化重构方法研究。基于变分精细插值技术对车载移动平台获取的观测路径上的污染气体 VCD 数据与近地面浓度数据进行数据网格化同化，重构区域污染气体浓度水平分布。

2. "散乱污"企业快速溯源方法及排放通量获取

开展针对"散乱污"企业等未知排放源的快速溯源方法研究。利用车载成像技术（定点二维扫描及走航推扫成像）对重点监测区域进行多观测点位及多监测路线的成像遥测，获取污染烟羽浓度分布，结合气象数据解析"散乱污"排放源分布位置，进一步结合光学现场监测技术，获取企业边界近地面浓度，为进一步监管执法提供数据。

开展了基于污染物 VCD 分布及垂直扫描剖面浓度场的污染源排放量的获取方法研究（图 4-25），在定点扫描方式下，在垂直于污染烟团传输方向上对排放烟团垂直剖面进行扫描成像，重点解决排放烟团的位置确定和空间分布的解析问题；在移动走航方式下，通过对烟团的围绕测量，基于守恒量的连续性偏微分方程，突破风场数据与柱浓度结果的耦合问题，实现企业排放气体通量探测，为"散乱污"企业监管提供排放数据。

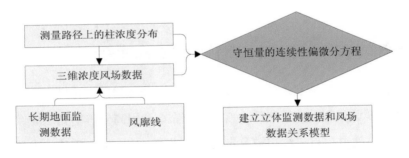

图 4-25   排放烟团垂直剖面通量的估算

4.4.2   结合现场 DOAS 监测数据插值及成像遥测的浓度场分布重构方法

1. DOAS 原理

在给定波长 λ 下，当光通过厚度为 ds 的大气中的无限小空气时，如图 4-26 所示，强度为 I 的光的衰减由式（4-21）给出：

$$dI(\lambda) = -I(\lambda) \cdot \sum_i c_i \sigma_i(\lambda) ds$$

（4-21）

式中，$\sigma_i(\lambda)$——吸收截面，$cm^2/molec.$；

　　　　c_i——空气中第 i 个吸收体的浓度，$molec./cm^2$。

截面结构取决于波长、压力和温度。

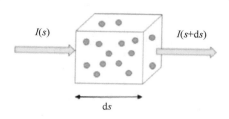

图 4-26　Lambert-Beer 定律原理示意

对式（4-21）沿着光学路径积分即可得到由大气层顶部（L）至观察者位置（0）的积分，即朗伯-比尔定律，其描述了通过吸收层中的入射光强度 $I_0(x)$ 与透射光强度 $I(\lambda)$ 之间的关系，见式（4-22），该公式也是整个吸收光谱学的基础。

$$I(\lambda) = I_0(\lambda) \cdot \exp\left(-\sum_i \int_0^L c_i \sigma_i(\lambda)\,\mathrm{d}s\right) \tag{4-22}$$

重新排列式（4-22），以获得透射光强度和入射光强度之比的对数，得到通常称为光学厚度的物理量：

$$\tau = \ln\left(\frac{I_0(\lambda)}{I(\lambda)}\right) = \sum_i \int_0^L c_i \sigma_i(\lambda)\,\mathrm{d}s \tag{4-23}$$

式（4-23）可以进一步简化，假定吸收截面 σ_i 被认为与光学路径上的温度和压力无关。

$$\tau = \ln\left(\frac{I_0(\lambda)}{I(\lambda)}\right) = \sum_i \sigma_i(\lambda) \int_0^L c_i\,\mathrm{d}s \tag{4-24}$$

式中，$\displaystyle\int_0^L c_i\,\mathrm{d}s$——痕量气体 i 沿着光学路径的积分柱浓度，$molec./cm^2$，通常在被动 DOAS 中光学路径不是垂直的，这个量就是 SCD，即痕量气体浓度沿光程的积分，见式（4-25）：

$$\mathrm{SCD}_i = \int_0^L C_i\,\mathrm{d}s = \frac{\tau_i(\lambda)}{\sigma_i(\lambda)} \tag{4-25}$$

（1）夫琅禾费谱线

DOAS 技术简介中，被动 DOAS 仪器基本都是以太阳光作为主要光源的。而 DOAS 技术的理想光源应当是明亮的、恒定的、连续的，并且没有光谱特征的。太阳在晴好天气且紫外-可见光波段能够提供足够的光学强度时，可以被认为是一个明亮且恒定的光源，但太阳光不是一个理想的连续光源，它客观存在着许多光谱特征。这些所谓的夫琅禾费谱线是由太阳中的分子和离子吸收产生的。

未经过大气层作用的太阳光谱近似是 $T \approx 5\,800\ \mathrm{K}$ 的太阳色球层的黑体辐射和色球层中原子的选择吸收及辐射的重发射造成的强的吸收线。黑体辐射的光谱可以采用普朗克函数表示：

$$B_\lambda(T) = \frac{2hc^2}{\lambda^5(\mathrm{e}^{hc/K\lambda T}-1)} \tag{4-26}$$

式中，K——Boltzmann 常数；

C——真空中光速，约 30 万 km/s；

T——温度，K。

图 4-27 是 GOME 卫星临边探测获取的穿过平流程的太阳光谱及 5 800 K 下普朗克函数线。

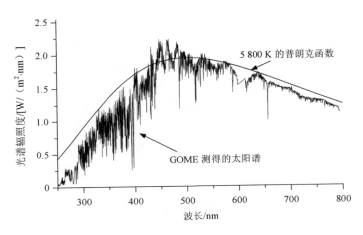

图 4-27 太阳光谱和 5 800 K 下的普朗克函数曲线

图 4-28 中，很强的随波长快变化的吸收线就是夫琅禾费谱线，它最先被德国物理学家夫琅禾费发现。相比地球大气对绝大多数吸收体的吸收，太阳夫琅禾费谱线非常强。在紫外-可见光谱波段（300~600 nm），夫琅禾费谱线是太阳散射光谱中主体结构，夫琅禾费谱线的强度和形状虽然会随太阳黑子密度和太阳周期发生变化，但是相对稳定。

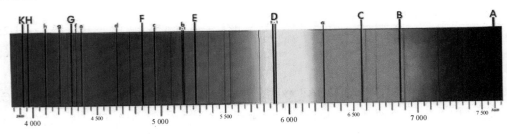

图 4-28 夫琅禾费谱线中的特征结构

夫琅禾费谱线的光学厚度为 0.1～0.5，比大多数痕量气体的吸收要强。因此，当在 DOAS 方程中采用比例计算时，在 I 和 I_0 之间即使一个小的波长飘移也会产生一个大的结构，这使反演弱吸收变得不太可能。

由图 4-29 可知，夫琅禾费谱线结构是被动 DOAS 系统测量得到的主要信号，为了反演对流层中吸收强度小的痕量气体，在 DOAS 分析过程中夫琅禾费线结构必须去除。区别于使用灯谱做光源的主动 DOAS，被动 DOAS 技术常用夫琅禾费谱线作为参考光谱 I_0。

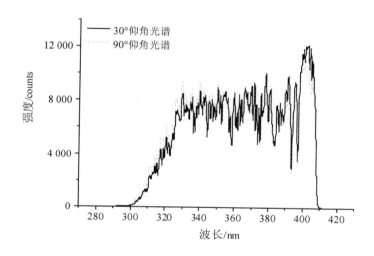

图 4-29 被动 DOAS 仪器测得的 30°和 90°仰角光谱

（2）被动 DOAS 原理的数学表达

由于被动 DOAS 中入射光强度 $I_0(\lambda)$ 未知或不实际可获得，朗伯-比尔定律不能直接使用。以散射太阳光或直射阳光作为光源的被动 DOAS 系统在大气成分测量中需要对朗伯-比尔定律进行修正，并且大气中的气溶胶会导致瑞利散射和米散射，也会给大气中的未知吸收带来影响。在实际大气中，要实现其他消光过程的贡献率定量测量是很难做到的。

被动 DOAS 方法本质上是对朗伯-比尔定律的一种应用性修正，实现了利用太阳光作为光源从实际的大气测量中反演得到痕量气体 SCD。在通常情况下，由于气溶胶的消光过程、湍流的影响及很多其他痕量气体的吸收表现出很宽、光滑的光谱结构，气体的吸收截面随波长的变化呈现"指纹式"的特征吸收结构，具体表现为不同痕量气体在不同波段存在着不同的吸收峰，呈现明显的窄带吸收特征。因此，可以使用高通滤波的方法将大气吸收光谱中由痕量气体分子吸收引起的窄带变化和由其他因素引起的宽的、光滑的光谱结构分隔。DOAS 方法的核心就是将大气的消光过程分为慢变化部分（宽带）和快变化部分（窄带）部分，通过数学方法去除慢变化，仅保留大气消光过程中痕量气体的窄带吸收。

引起窄带变化的主要是实际大气中的散射效应，包括由于气溶胶颗粒和云滴或冰粒等造成的米散射，以及气体分子造成的瑞利散射和拉曼效应。米散射依赖气溶胶颗粒的形状及入射光波长等；气体分子造成的散射可以是弹性散射（瑞利散射）或者非弹性散射（拉曼效应）。

①颗粒物等成分造成的散射

米散射是空气中颗粒物大小与入射波长相接近时发出的散射。这类散射由空气中的颗粒，如沙尘、冰晶、液珠等引起，散射过程十分复杂。Mie 首次给出入射光在圆球状颗粒散射下的精细解析，因此被称为米散射。自然光被尘、霾、雾等散射即此类。在 DOAS 方法中可以把瑞利散射看作吸收过程，吸收系数 $\varepsilon_M(\lambda)$ 为

$$\varepsilon_M(\lambda) = \varepsilon_{M_0} \lambda^{-n} \quad (n=1 \sim 4) \tag{4-27}$$

②气体成分造成的散射

分子上发生的散射分为两种：一种是光子与分子不发生能量交换的弹性散射，这时散射光的波长与输入光相同，这种弹性散射就是瑞利散射；另一种是光子与分子之间发生能量交换的非弹性散射，这时光子发射或吸收了能量，所以散射光的频率与入射光就不同了，这种散射就是拉曼散射。

瑞利散射又称"分子散射"，发生在光与小尺寸（小于波长的 1/10）物质相互作用时。其物理表达为光感应了极化粒子中的偶极子，如空气中的气体分子使光子产生振荡，振荡的偶极子产生了平面偏正光，即散射光。在 DOAS 中瑞利散射类似于米散射，也可以近似地认为是吸收过程，其吸收系数 $\varepsilon_R(\lambda)$ 可以表示为

$$\varepsilon_R(\lambda) = \sigma_{R0} \lambda^{-4} \cdot C_A \tag{4-28}$$

式中，$\sigma_{R0} \approx 4.4 \times 10^{-16} \ \mathrm{cm^2 nm^4}$；

C_A——空气中气体分子密度，在 25℃、1 个标准大气压的情况下，其值近似为 $2.4 \times 10^{19} / \mathrm{cm^3}$。

拉曼散射对光强的影响远小于弹性散射，在早期的 DOAS 分析中常常被忽略。但是在近期的散射光 DOAS 分析中发现，它的作用不容忽视。拉曼散射对太阳光谱的填充作用被命名为 Ring 效应。Ring 效应由 Grainger 和 Ring 于 1962 年在他们发表的论文中进行了阐述。

Ring 效应不仅使夫琅禾费谱线发生变化，在被动 DOAS 中也会伴随天顶角的增大而同步增大。因此，在反演过程中需要考虑 Ring 效应对 DOAS 反演的影响。将 Ring 等同为

一种气体吸收截面,在反演中参与拟合,Ring 截面由实测的夫琅禾费谱线通过 DOASIS 软件得到。图 4-30 即为测量得到的夫琅禾费谱线和通过 DOASIS 获取的 Ring 截面。

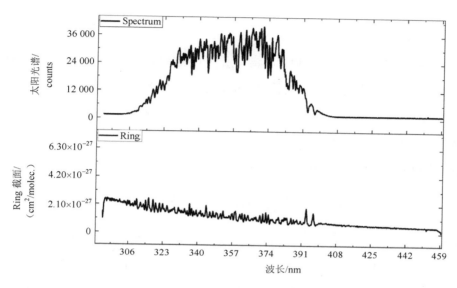

图 4-30 夫琅禾费线和 Ring 截面

光谱结构中慢变化的消光过程是由散射和多种痕量气体的吸收共同导致的。DOAS 方法基于朗伯-比尔定律,可同时分离出多种消光作用,进而解析出多种痕量气体的吸收。痕量气体 j 的光谱吸收结构可以分为随波长的慢变化(σ_j^b)和快变化(σ_j')两个部分,见式(4-29):

$$\sigma_j = \sigma_j^b + \sigma_j'$$ (4-29)

同时,瑞利散射和米散射导致的光谱改变也是随波长 λ 的慢变化。所以,式(4-29)可以写成式(4-30):

$$I(\lambda) = I_0(\lambda)\exp\left\{-[\sum_{j=1}^{n}(\sigma_j^b(\lambda)+\sigma_j'(\lambda))c_i + \varepsilon_R(\lambda) + \varepsilon_M(\lambda)]L\right\}$$ (4-30)

各种慢变化结构可以通过高通滤波或多项式拟合从光谱中去除,剩余的主要就是由多种气体吸收所引入的快变化结构。选择合适的相对"清洁"的测量光谱作为 I_0,利用最小二乘拟合各气体吸收截面,就可以同时获取多种气的柱浓度。

2. 污染物 SCD 及 VCD 的获取

在车载被动 DOAS 光谱反演中可获得污染气体的斜柱浓度,而后将 SCD 转换为 VCD。

传统的单光路仅能获取相对于参考谱的 SCD。引入多观测角度的测量方式可以实现绝对 VCD 的获取，同时车载 DOAS 系统还需要解决多组分气体的交叉干扰及多种大气效应的去除。

（1）VCD 的精确获取

痕量气体的 SCD 是测量光谱和参考谱中所含的痕量气体的 SCD 之差，即 DSCD。它与吸收气体在大气中的分布、光线的传输、散射情况、仪器的观测姿态、太阳天顶角等密切相关。因此，为了真实地反映大气组分的实际含量，必须将 SCD 转化为 VCD，以表示痕量气体在整层大气中的垂直柱总量。

在多轴 DOAS 的观测中，我们关注的主要是对流层痕量气体，所以

$$AMF_{trop}(\alpha) = \frac{SCD_{trop}(\alpha)}{VCD_{trop}} \tag{4-31}$$

AMF 除了依赖太阳天顶角、仰角，还与地表反照率、波长、气溶胶、云和气体的垂直分布有关，而对流层都存在上述因素的影响。基于此，AMF 需要借助大气辐射传输模型计算。通过 AMF 值和测量得到的 SCD 可以得到对流层痕量气体 VCD：

$$\frac{SCD_{trop}(\alpha)}{AMF_{trop}(\alpha)} = \frac{DSCD_{trop}(\alpha) + SCD_{trop}(90)}{AMF_{trop}(\alpha)} = VCD_{trop} \tag{4-32}$$

$$\Rightarrow DSCD_{trop}(\alpha) = AMF_{trop}(\alpha)VCD_{trop} - SCD_{trop}(90)$$
$$= AMF_{trop}(\alpha)VCD_{trop} - AMF_{trop}(90)VCD_{trop} \tag{4-33}$$

$$\Rightarrow VCD_{trop} = \frac{DSCD_{trop}(\alpha)}{AMF_{trop}(\alpha) - AMF_{trop}(90)}$$
$$\Rightarrow VCD_{trop} = \frac{DSCD_{trop}(\alpha)}{DAMF_{trop}(\alpha)} \tag{4-34}$$

式中，$DAMF_{trop}(\alpha) = AMF_{trop}(\alpha) - AMF_{trop}(90)$。

图 4-31 为地基多轴在考虑 AMF 后与地基站点浓度的数据对比图，其中所示地基多轴柱浓度在部分时间里比地面站点偏高，这是因为被动 DOAS 测量的是污染气体柱浓度，有高空输送情况时地面站点无法有效观测到污染气体，而被动 DOAS 技术可以实现对高空污染物的测量。基于此，在此次研究中，参考地基多轴对柱浓度获取方式，引入大气质量模型计算 AMF，进而求解 VCD，并采用双光路观测方案精确获取绝对 VCD。

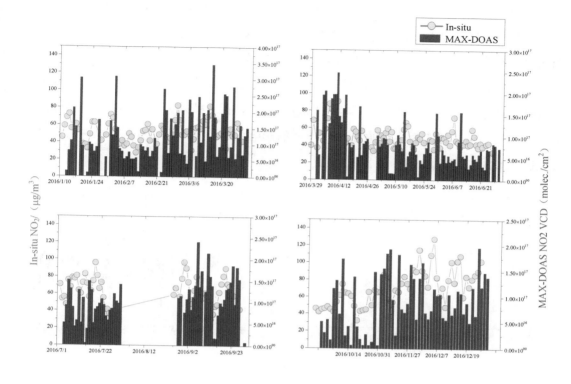

图 4-31 地基多轴（MAX-DOAS）与地基站点（In-situ）数据对比

（2）反演波段优化

光在大气中传输时受到多种组分气体的干扰，不同的气体吸收在不同的波段有着不同的吸收峰值，对 DOAS 反演方法存在着交叉干扰，因此在针对特定气体进行 DOAS 反演时，需要有针对性地选择该气体反演波段，保证在该反演波段内目标气体吸收存在强烈吸收，干扰气体为弱吸收，以减小其他组分气体的干扰，实现反演误差的最小化。

本书对目标气体和干扰气体进行了多元相关性分析，通过相关性结果确定拟合波段。拟用于反演的污染气体分子吸收波段对 SO_2 选择 310～324 nm 拟合波段、NO_2 选择 338～370 nm 拟合波段，该波段涵盖了 SO_2、NO_2 强吸收峰。

（3）大气 Ring 效应

目前来说，Ring 光谱可以通过测量法或计算法得到。测量法会基于大气中不同的散射过程表现出不同的偏振性质。Solomon 等就提出了通过测量散射光中平行偏振光与垂直偏振光的强度之比来推导 Ring 效应参考光谱的方法，但不同偏振对应的大气光路是不同的，所以可能包含不同大气痕量气体的吸收，结果是测量的 Ring 光谱可能包含未知数量的大气吸收，这会影响 DOAS 拟合中获得的痕量气体浓度大小。计算法是通过已知的空气分子拉曼转动光谱来计算得到 Ring 光谱，其得到的结果与测量法具有较好的一致性。

本书的数据处理中，将 Ring 光谱看作一种吸收结构，在光谱反演中参与拟合，Ring 截面由实测的夫琅禾费谱线通过 DOASIS 软件计算得到。

图 4-32、图 4-33 为考虑 Ring 效应和不考虑 Ring 效应时的 NO_2 拟合结果。考虑 Ring 效应时，拟合残差为 7.37×10^{-4}；不考虑 Ring 效应时，拟合残差为 8.27×10^{-4}，拟合误差增大了 12.2%。Ring 效应对大气痕量气体反演的影响由此可见一斑。故在本书中考虑 Ring 效应进行 NO_2 拟合。

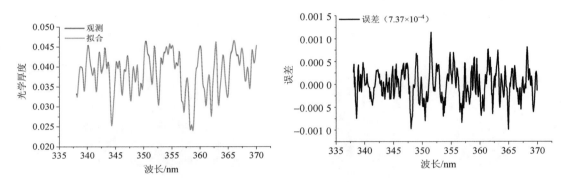

图 4-32　考虑 Ring 时 NO_2 拟合

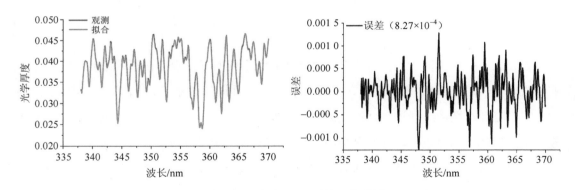

图 4-33　不考虑 Ring 时的 NO_2 拟合

（4）平流层部分的修正

由于平流层部分污染物 SCD 是太阳天顶角的函数，且在太阳天顶角较小时随其变化较慢，而对流层部分则主要来自地面的人为排放等因素，因此不同地区的变化比较大，在这里可以将反演得到的痕量气体柱浓度结果按照其随太阳天顶角的变化分成两部分，即慢变化部分和快变化部分。这样就可以比较方便地去除平流层部分，得到对流层中痕量气体的浓度信息。

对平流层部分的修正有以下几种方法。

一是最小值线性回归法。这个方法主要是利用了平流层痕量气体柱浓度随太阳天顶角缓慢变化的特点，在对流层信号可被忽略的低值区域选择几个数据点做一元线形拟合，这样便得到了平流层信号随太阳天顶角的函数关系式，进而可以计算出任意时刻的平流层柱浓度，以将平流层部分去除。

二是利用几何近似的方法 $\dfrac{1}{\cos \text{SZA}}$ 计算平流层 AMF。假定 VCD 随纬度是线性变化的，则平流层部分可以写成：

$$dSCD_{strat} = \frac{a + b\phi}{\cos \text{SZA}} - \frac{a + b\phi}{\cos \text{SZA}_{ref}} \tag{4-35}$$

式中，ϕ——纬度。

式（4-35）中，第一部分为在任意纬度处的 SCD 结果，第二部分为参考谱区域的 SCD，系数 a，b 参考卫星数据处理方法，即利用不包含平流层吸收的参考光谱来确定。

参考同纬度干净区域（如太平洋上空等）卫星测量的结果，忽略其中的对流层部分，将其作为平流层浓度进行扣除，这种方法是卫星数据分析中扣除平流层部分最常用的方法，如 OMI、GOME 等。

利用式（4-36）计算得到对流层 VCD：

$$VCD = \frac{SCD_{trop}}{AMF_{trop}} = \frac{DSCD_{\alpha} - dSCD_{trat}}{AMF_{trop}(\alpha)} \tag{4-36}$$

图 4-34 为扣除不同太阳天顶角下平流层贡献后的对流层 NO_2 SCD。

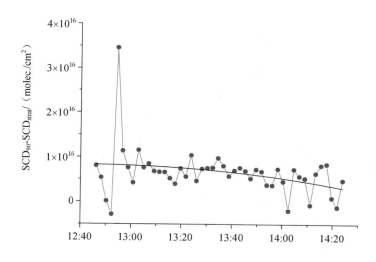

图 4-34　扣除不同太阳天顶角下平流层贡献后的对流层 NO_2 SCD

3. 二维浓度场重构算法

（1）快速重构算法

成像遥测系统在垂直方向上具有 40° 的视场角，因此将单次采集的垂直测量平面平均划分为 100 个正方形像元。如果各正方形区域内污染气体的 SCD 均一，则用 Y_j 来表示，其代表第 j 个像元的污染气体 SCD。如果用 SCD_i 表示经过第 i 条光路的污染气体 SCD 的积分，则可以用 K_{ij} 表示第 i 条光路经过第 j 个像元的光路路程，其中 K_{ij} 称作"光路矩阵"，即

$$K_{ij}Y_j = SCD_i \tag{4-37}$$

此算法重构速度较快，原因是其中 SCD_i 由成像遥测系统所测量的光谱信息通过被动 DOAS 方法反演得到，可构建一个相对容易的矩阵来进行计算，避免使用复杂的计算机层析（CT）算法。式（4-37）是一个超定矩阵，因为目标垂直平面上的光路数大于平面均分的像元数，即 $i > j$，像元内平均浓度值 Y_j 需要使用最小二乘法计算，见式（4-38）、式（4-39）：

$$K_{ij}^T K_{ij} Y_j = K_{ij}^T SCD_i \tag{4-38}$$

$$Y_j = (K_{ij}^T K_{ij})^{-1} K_{ij}^T SCD_i \tag{4-39}$$

若想实现二维分布的重构，并且使重构效果达到预期，则需要选择一种重构算法对 Y_j 中的 100 个数据进行处理，本书研究了一种基于双三次 B 样条的曲面重构算法，并在实际中得到了应用，获得很好的重构效果。

（2）插值优化方法

已知函数 $y = f(x)$ 在区间 $[a, b]$ 上（$n+1$）个互异点 x_i（$i = 0, 1, 2, 3, \cdots, n$）上的函数值 y_i，若存在一简单函数 $\varphi(x)$，则使

$$\varphi(x_i) = y_i, i = 0, 1, 2, 3, \cdots, n \tag{4-40}$$

其中，误差为

$$R(x) = f(x) - \varphi(x) \tag{4-41}$$

误差的绝对值 $|R(x)|$ 在整个区间 $[a, b]$ 上比较小。这样的问题称为插值问题。

式中，$x_i (i = 0, 1, 2, 3, \cdots, n)$——插值节点；

　　　　$f(x)$——被插值函数；

　　　　$\varphi(x)$——插值函数；

　　　　$[\min(x_0, x_1, \cdots, x_n), \max(x_0, x_1, \cdots, x_n)]$——插值区间。

如果在插值区间内部用 $\varphi(x)$ 代替 $f(x)$，则称为内插；在插值区间以外用 $\varphi(x)$ 代替 $f(x)$，则称为外插。

①克里金插值

克里金法（Kriging）是一种对随机过程或者随机场的回归算法，其基础是协方差函数，主要针对空间的建模和预测（插值）。例如，在某些随机过程中，Kriging 能够提供最优线性无偏估计（Best Linear Unbiased Prediction，BLUP），如固有平稳过程，所以 Kriging 也可以叫作空间最优无偏估计器（Spatial BLUP）。

普通克里金法（Ordinary Kriging，OK）是最先被发现、最早开始系统研究的 Kriging，是一个线性估计系统，在不断发展中产生了诸多变体与改进算法。

一般情况下，随机场的协方差函数 C 不可知，可以近似地使用变异函数，此时变异函数 γ 也只与 $|h|$ 相关：

$$E\big[Y(s)\big]=\mu \tag{4-42}$$

$$\mathrm{var}[Y(s)-Y(s+h)]=2\big[C(0)-C(h)\big]=2\gamma\big(|h|\big) \tag{4-43}$$

假设 $\{Y(s_1),\cdots,Y(s_n)\}$ 为 n 个样本 $\{s_1,\cdots,s_n\}$ 的对应值，则普通克里金问题和克里金方差如下：

$$\hat{Y}(s_0)=\sum_{i=1}^{n}a_iY(s_i) \tag{4-44}$$

$$\sigma_{s_0}^2=E\big[\hat{Y}(s_0)-Y(s_0)\big]^2=\sum_{i=1}^{n}\sum_{j=1}^{n}a_ia_jC(s_i,s_j)-2\sum_{i=1}^{n}a_iC(s_i,s_0)+C(0) \tag{4-45}$$

式中，$\hat{Y}(s_0)$——Y 在未知点 s_0 处的估计；

$C(s_i,s_j)$——点 s_i 和 s_j 间的协方差函数。

由最优线性无偏估计理论可验证其条件为所有权重系数累加为 1：

$$\sum_{i=1}^{n}a_i=1 \tag{4-46}$$

因此，由拉格朗日乘数法构建出如下函数，可得到普通克里金问题的方程组：

$$f\big(a_1,\cdots,a_n,\lambda\big)=\sigma_{s_0}^2+2\lambda\left(\sum_{i=1}^{n}a_i-1\right) \tag{4-47}$$

$$\begin{cases}\sum_{j=1}^{n}a_j=1 \\ \sum_{j=1}^{n}a_j(s_i,s_j)-C(s_i,s_0)+\lambda=0;i=1,\cdots,n\end{cases} \tag{4-48}$$

此方程组通常也叫作普通克里金系统（Ordinary Kriging System），包括 $n+1$ 个方程以

计算 n 个权重系数。一般情况下的计算方式是将 Kriging 系统写为矩阵形式，并对矩阵进行求逆。计算后以矩阵形式表示的 Kriging 权重为

$$a = \left[C_0 + \left(1 - C_0^{\mathrm{T}} C^{-1} 1 \right) \left(1^{\mathrm{T}} C^{-1} 1 \right)^{-1} 1 \right]^{\mathrm{T}} C^{-1} \qquad (4\text{-}49)$$

式中，C——协方差矩阵；

C_0——未知点和样本间协方差组成的列向量；

1——n 个 1 组成的列向量。

将计算出的权重系数代入之前的公式能够得到普通克里金的无偏估计 $\hat{Y}(s_0)$：

$$\hat{Y}(s_0) = C_0^{\mathrm{T}} C^{-1} Y + \left(1 - C_0^{\mathrm{T}} C^{-1} 1 \right) \left(1^{\mathrm{T}} C^{-1} 1 \right)^{-1} \left(1^{\mathrm{T}} C^{-1} Y \right) \qquad (4\text{-}50)$$

数学期望是 $\mu = \left(1^{\mathrm{T}} C^{-1} 1 \right)^{-1} \left(1^{\mathrm{T}} C^{-1} Y \right)$。如果随机场的数学期望已知（一般假定是 0），则普通克里金问题退化为简单克里金（Simple Kriging）。因为固有平稳条件下随机场的数学期望各处相同，所以简单克里金自身满足 BLUP 条件，容易解得其 Kriging 权重为 $a = C_0^{\mathrm{T}} C^{-1}$。

②插值方法对比和交叉验证

线性插值法是针对非线性函数时应用最多且最简单的方法，对于大多数工程而言相对能够满足要求，线性插值法存在一定缺点，即当函数曲率或斜率发生稍大变化时会出现一定误差。如果要减小误差，则需要把基点细分到一定程度，这样就会出现占用内存的情况，而使用非等距插值法处理数据时，基点的选取麻烦，光滑度较低。

三次样条插值的优点在于其是分段函数，一次拟合只有少数数据点配准，同时曲线连接处平滑、插值速度快，保留了微特征，视觉效果好。但当其缺点短距离内采样点有较大变化时，估计结果不准确，不适用于在短距离内属性有较大变化的地区，否则估计结果偏大，其误差也不能直接估算。

克里金插值能够给出最优线性无偏估计，充分考虑空间变量相关性，可对数据集存在的聚类作用进行补偿，插值精度高，存在的缺点主要是计算步骤复杂、插值速率较慢。克里金插值在任何满足各向同性假设下的固有平稳随机场中均适用，包括目标区域的样本信息可能存在随机性和结构性特征。

为验证克里金插值的鲁棒性，现采用线性插值、三次样条插值对克里金插值进行交叉对比验证。

以某工业园区排污口污染气体分布为例，用多种插值方法处理实验数据，同时进行交叉验证来评估插值结果的优劣。其中，绝对平均误差（Mean Absolute Error，MAE）、标准

第 4 章 "散乱污"企业判别及监管技术   91

偏差（Standard Deviation，SD）和均方根误差（Root Mean Square Error，RMSE）是衡量
插值优劣的指标，其计算方法如下：

$$MAE = \frac{\sum_{i=1}^{n}\left|DSCD_{observed}(x_i) - DSCD_{predicted}(x_i)\right|}{n}$$ （4-51）

$$S = \sqrt{\frac{\sum_{i=1}^{n}\left(DSCD_{observed} - \overline{DSCD}\right)}{n}}$$ （4-52）

$$RMSE = \sqrt{\frac{\sum_{i=1}^{n}\left[DSCD_{observed}(x_i) - DSCD_{predicted}(x_i)\right]^2}{n}}$$ （4-53）

式中，$DSCD_{observed}(x_i)$ 与 $DSCD_{predicted}(x_i)$ ——目标区域 SO_2 的 SCD 实测值与预测值；

　　　n ——总样本点；

　　　$\overline{DSCD}$ ——n 个实测值的平均值。

MAE 与 RMSE 越小，插值结果越准确。当 MAE 相同时，RMSE 越小，插值效果越好。

插值的 x 方向节点数为 46，间隔为 0.49；y 方向节点数为 60，间隔为 0.49。插值结果
如图 4-35 所示，四种插值方法中距离反比插值在污染气体浓度高值处出现"牛眼"效应，
因此排除距离反比插值后，对线性插值、三次样条插值与克里金插值进行交叉验证。

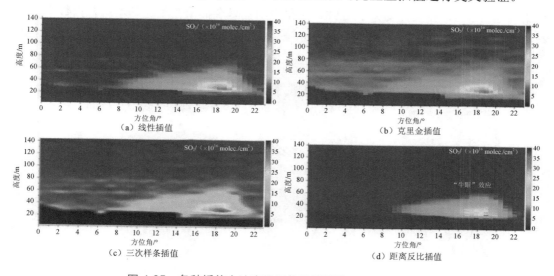

图 4-35　多种插值方法应用于化工园区排污口污染分布

表 4-6 列出了利用上述三种插值在像素点数为 23×30 的情况下 SO_2 DSCD 的插值误
差情况。

表 4-6 三种插值方法误差对比

插值方法	SD	MAE	RMSE	单位
线性三角网	5.38	3.59	8.26	$\times 10^{15}$ molec./cm^2
三次样条	5.66	3.78	8.37	$\times 10^{15}$ molec./cm^2
克里金	5.46	3.61	8.23	$\times 10^{15}$ molec./cm^2

由表 4-6 可知，对于该工业园区的 SO$_2$ DSCD，三种插值结果相差不大，但是克里金插值总体更优于其他两种插值方法，克里金插值在插值过程中充分考虑了污染气体扩散趋势符合高斯分布的特征，因此获取了最好的插值效果。

上述方法明显提高了污染气体二维分布的空间分辨率。此外，当视场内出现建筑、树木、浓黑烟或不规则云分布等障碍物时，部分光谱反演受到严重影响，二维分布中出现部分信息缺失，因此运用插值方法对二维空间信息的补足尤为重要。

针对无源排放的大气边界层，其污染气体分布基本符合指数分布模型，考虑有不规则云层遮挡（图 4-36a）、规则形状的建筑物垂直遮挡（图 4-36b）及由于地形等因素造成的水平方向大面积遮挡（图 4-36c）的情况，对这三种情况下的模型数据进行相应扣除，再用克里金插值进行重建，重建过程如图 4-36 所示，并将插值后的结果与原模型进行相关性分析（图 4-37），相关性均大于 0.98，结果表明克里金插值在重建基本符合指数模型的大气边界层痕量气体分布中具有很好的效果。

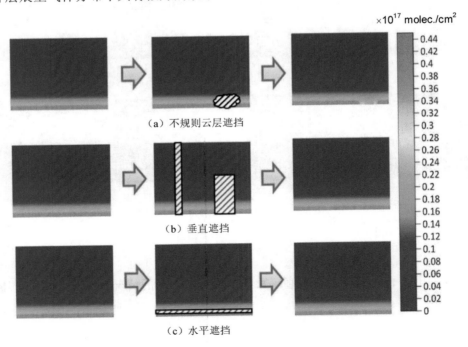

（a）不规则云层遮挡

（b）垂直遮挡

（c）水平遮挡

图 4-36 指数模型下扣除不同障碍物后的重建过程

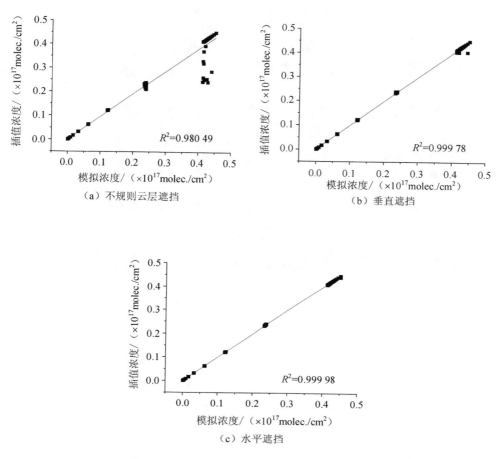

图 4-37 指数模型下三种情况的相关性分析

针对污染源排放,其污染气体分布基本符合高斯分布模型,考虑有浓黑烟与不规则云层遮挡(图 4-38a)、规则形状的建筑物垂直遮挡(图 4-38b)及由于地形等因素造成的水平方向大面积遮挡(图 4-38c)的情况,对这三种情况下的模型数据进行相应扣除,再用克里金插值进行重建,重建过程如图 4-38 所示,并将插值后的结果与原模型进行相关性分析(图 4-39),相关性均大于 0.99,结果表明克里金插值在重建基本符合高斯模型的污染源痕量气体分布中具有很好的效果。

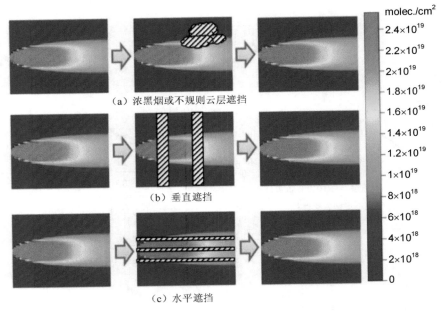

图 4-38　高斯模型下扣除不同障碍物后的重建过程

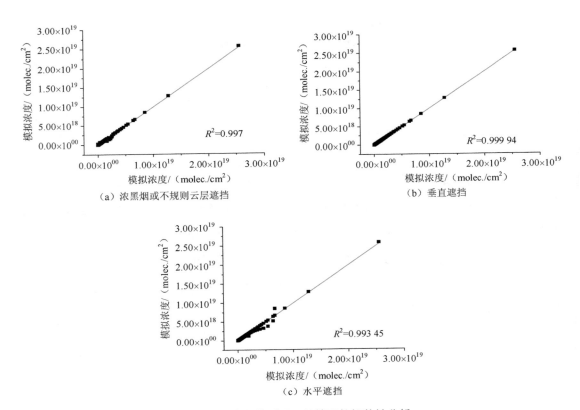

图 4-39　高斯模型下三种情况的相关性分析

4. 车载 DOAS 遥测系统集成

在已有车载 DOAS 遥测系统的基础上，对车载 DOAS 系统进行集成和改进，分别为数据采集控制系统进行了优化改进和系统硬件集成。

（1）车载 DOAS 遥测系统自动数据处理软件集成

针对车载遥测系统高时空分辨率的特点，在软件系统设计主要实现线阵 CCD 数据的实时读取，以及反演算法的优化，采用非线性拟合算法实现光谱的实时处理。车载遥测软件系统主要包括采集控制系统部分和光谱处理算法部分，实现的功能包括系统自检、光谱仪控制、GPS 控制及存储、自动监测（判断监测光路、优化积分时间）、定制存储、实时成像显示、污染气体浓度自动反演及成像、污染气体通量计算等。

①采集控制

该软件的采集控制部分主要实现对系统自检、设置监控、数据采集、数据存储等功能，应先进行系统自检，确定系统各部分设备的正常运行，再对该系统中的光谱仪进行积分时间控制、温度控制、shutter 状态控制，以进行数据采集，实现 CCD 数据的实时读取。采集控制软件主界面如图 4-40 所示。

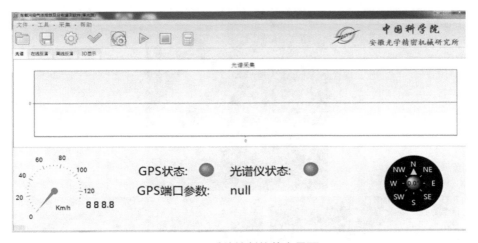

图 4-40 系统控制软件主界面

②光谱处理模块

光谱处理模块实现了对光谱的解析、拟合，输出污染气体的浓度和偏差等。核心算法为非线性最小二乘法拟合 SCD 或者浓度 c，解决了其他效应，如 Ring 效应、平移、拉伸等非线性变化对 DOAS 算法的影响，并结合风场光谱和反演的柱浓度结果计算污染源排放通量。解析软件的界面如图 4-41 所示。

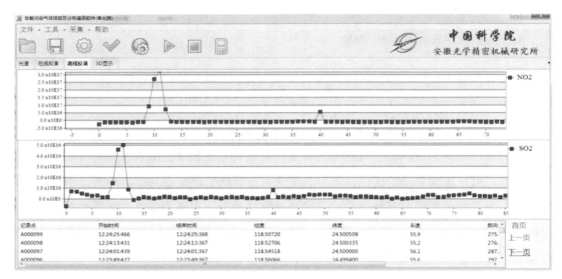

图 4-41　算法的集成和光谱处理模块

（2）车载 DOAS 遥测系统硬件集成

在以前研究的基础上，重新集成了车载 DOAS 遥测系统（图 4-42），系统光谱仪放置在光谱恒温单元中，太阳散射光通过光纤导入光谱仪，光谱采集及处理信息通过集成屏幕显示。

图 4-42　车载 DOAS 遥测系统硬件集成

5. 紫外成像遥测系统集成

基于成像原理，集成搭建了一套地基成像光谱遥测系统（图 4-43），主要包括带有温控系统的高光谱分辨率消像差 C-T（Czerny-Turner）成像光谱仪、面阵 CCD、二维转台电机、光学导入系统、计算机等，系统实物如图 4-44 所示。

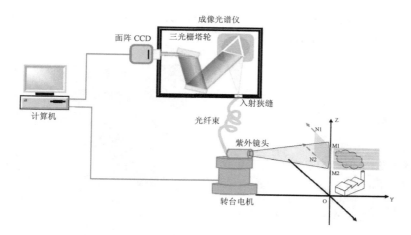

图 4-43 地基成像光谱遥测系统及扫描示意

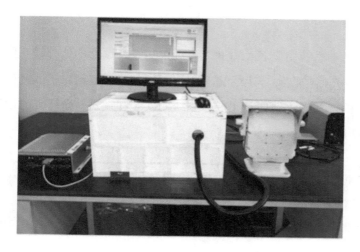

图 4-44 地基成像光谱遥测系统实物

太阳散射光进入紫外镜头，再通过导入光学系统进入成像光谱仪，成像光谱仪为一种三光栅塔轮加两片消像差凹面反射镜结构，光谱仪采集到的光谱信息经过面阵 CCD 的模数转化后传输到计算机，利用计算机通过 DOAS 方法对每条光谱进行反演，即可获得整个面上在光传输路径中污染痕量气体的 SCD，再对获得的每个面上的痕量气体 SCD 值进行空间插值重构，得到区域污染气体的分布情况。

成像光谱仪系统主要包括成像光谱仪、探测器单元等。本书基于消像差的 Czerny-Turner 结构成像光谱仪来实现光谱的获取和分析。系统主要由入射狭缝、准直镜、反射光栅、聚焦镜、面阵探测器等组成。从入射狭缝入射的具有一定发散角的多色入射光经准直镜反射到光栅，因为反射光栅的光栅条纹密度足够高，可对光线进行分光，使从它衍射的光束返回聚焦镜，最后狭缝的光谱像被成像到出射狭缝的面阵 CCD 上。Czerny-Turner 消像差结构的成像光学系统如图 4-45 所示。

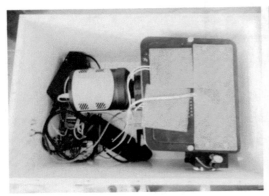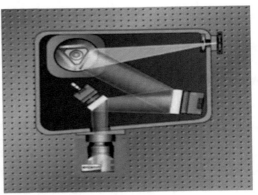

图 4-45　消像差的 Czerny-Turner 结构成像光谱仪实物图与光学系统示意

设计的导入光学系统由多芯（60 束）光纤束和像方远心的紫外镜头组成。多芯光纤束可实现较高的散射光信号收集，具有较好的成像质量、大视场且与光谱仪孔径匹配等优点，同时光纤束传输的方式极大地便利了成像系统的安装和调试。光纤束的设计结果与实物如图 4-46、图 4-47 所示。

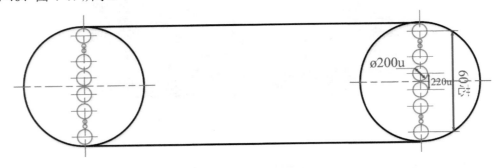

图 4-46　多芯光纤束设计

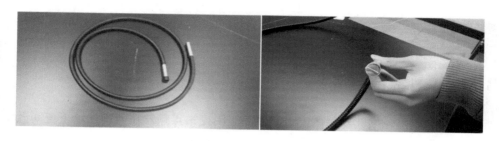

图 4-47　多芯光纤束实物

前置光学系统主要由像方远心的紫外物镜构成，根据实际光谱仪的色散要求及接收光纤芯径大小设计了双镜头方式，前端望远镜系统需要保证像方远心结构，如图 4-48 所示。

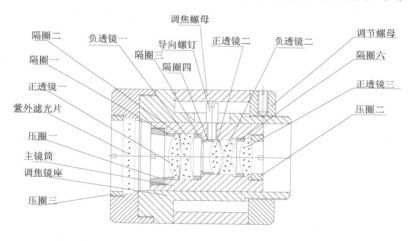

图 4-48　光学镜头设计

图 4-49 是具体前置紫外望远镜的光路设计结果。

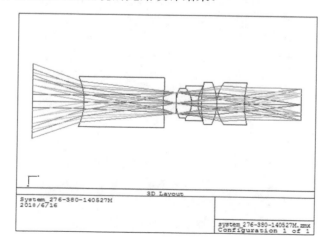

图 4-49　前置紫外镜头光路

4.4.3 "散乱污"企业快速溯源及观测实验

1. 新密市"散乱污"企业观测实验

自 2018 年 6 月开始，郑州新密市武装部等国控站点频发在西南风场下夜间至午后持续性 SO_2 偏高，甚至存在 SO_2 浓度急剧升高现象。针对出现的问题，新密市生态环境局进行了长达 3 个月的紧密管控，SO_2 浓度升高的现象仍然存在，未能有效溯源。2018 年 8 月下旬，中国科学院合肥物质科学研究院与新密市生态环境局开展合作，结合当地地形、气象条件及企业分布特点合理规划网格化观测路线，利用车载 DOAS 开展了溯源尝试。由车载立体监测系统获取的 SO_2 柱浓度分布特点，对 SO_2 柱浓度高值附近进行了筛查，初步确定了污染来源。

2018 年 8 月 27—29 日，选取了新密市进行走航遥测，利用车载被动 DOAS 遥测获取的 NO_2 和 SO_2 污染物柱浓度，走航路径如图 4-50 所示。根据 NO_2 柱浓度分布特点，对 NO_2 柱浓度高值附近进行了筛查，初步确定了污染源（图 4-51）；在新密市平陌镇国控站点旁边进行停驻观测，获取的 SO_2 柱浓度与国控站点 SO_2 浓度进行对比，结果表明平陌镇 SO_2 存在外来输送的可能（图 4-52）。

将观测路径上的 SO_2 柱浓度网格化重构，耦合观测期间的三维气象场数据，获取了新密市重点区域污染位置及源强，结合由当地监测部门提供的企业名录，定位了可能导致国控站点 SO_2 异常抬升的"散乱污"企业并评估了该企业的污染气体排放量（图 4-53），对比发现 SO_2 排放在耐火材料厂及电厂附近。

图 4-50　走航路径

（a）NO₂柱浓度分布

（b）污染源分布

图 4-51 新密市车载 DOAS NO₂柱浓度分布及污染源分布

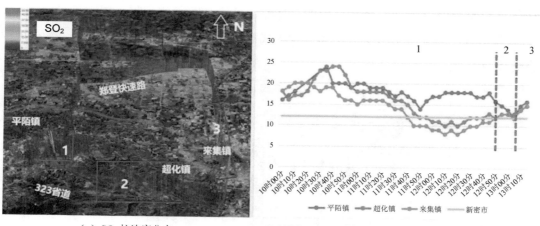

（a）SO₂柱浓度分布 　　　　（b）国控站点（平陌镇、超化镇、来集镇）SO₂浓度时间序列

图 4-52 新密市平陌镇车载 DOAS SO₂柱浓度与国控站点 SO₂浓度对比

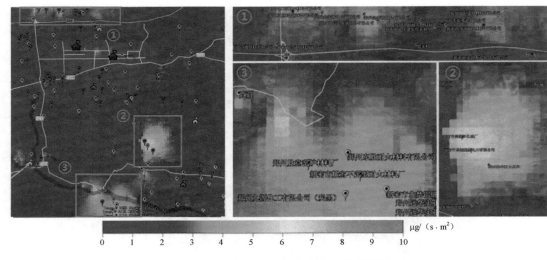

$$\mu g/(s \cdot m^2)$$

图 4-53　新密市区 SO_2 单位面积排放通量

2. 廊坊市"散乱污"企业示范实验

2019 年 3 月 4—8 日，利用车载被动 DOAS、紫外可见成像 DOAS 及紫外便携式 DOAS 在廊坊地区进行了为期 5 天的观测实验（图 4-54），其中车载被动 DOAS 和紫外便携式 DOAS 有效观测 5 天，紫外可见成像 DOAS 有效观测 3 天。实验仪器参数如下：

实验仪器：车载被动 DOAS、紫外可见成像 DOAS、紫外便携式 DOAS。

时间分辨率：车载被动 DOAS≤20 s，紫外便携式 DOAS≤1 min。

观测气体：紫外可见成像 DOAS 为 NO_2、SO_2，车载被动 DOAS 为 NO_2、SO_2，紫外便携式 DOAS 为 SO_2、NO、NH_3、BEN、TOL。

观测方式：车载被动 DOAS 和紫外便携式 DOAS 利用车载方式走航观测，紫外成像 DOAS 采用定点方式扫描。

图 4-54　实验仪器及实验现场

根据提供的疑似"散乱污"企业分布,规划了如图 4-55 所示的走航路线,走航路线覆盖了全部的重点监测对象,基本覆盖了疑似对象。观测时间、天气及参与仪器见表 4-7。

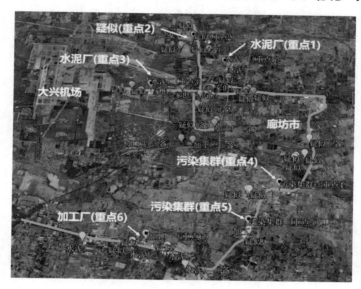

图 4-55 走航观测路线

表 4-7 观测时间、天气及参与仪器

日期	气象条件	观测时间	仪器
3 月 4 日	晴,西北偏北风 2～3 m/s	10:00—13:30	车载被动 DOAS、紫外便携式 DOAS
3 月 5 日	晴,偏北风 4～6 m/s	10:00—16:30	车载被动 DOAS、紫外便携式 DOAS、紫外可见成像 DOAS
3 月 6 日	晴,东北偏北风 5～7 m/s	10:30—14:30	车载被动 DOAS、紫外便携式 DOAS、紫外可见成像 DOAS
3 月 7 日	晴,西北风 2～3 m/s	9:30—13:30	车载被动 DOAS、紫外便携式 DOAS、紫外可见成像 DOAS
3 月 8 日	晴,西南偏南风 2～3 m/s	9:00—11:30	车载被动 DOAS、紫外便携式 DOAS

2019 年 3 月 4—8 日,利用车载被动 DOAS 和紫外便携式 DOAS 对重点监测对象进行了走航观测,利用紫外可见成像 DOAS 对重点监测对象上方进行了定点扫描,获取了重点监测对象的污染物分布,在水泥厂和加工厂的下风向观测到污染物浓度升高的现象,说明存在污染排放的可能。

(1)水泥厂

成像 DOAS、便携式 DOAS、车载 DOAS 针对某水泥厂的观测结果如图 4-56～图 4-59 所示。

图 4-56　廊坊市某水泥厂上方 NO$_2$ 分布二维图（×10^{14} molec./cm^2，成像 DOAS）

图 4-57　廊坊市某水泥厂上方 SO$_2$ 分布二维图（×10^{14} molec./cm^2，成像 DOAS）

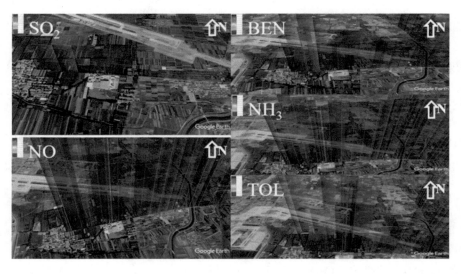

图 4-58　廊坊市某水泥厂下风向 SO$_2$、NO、苯、NH$_3$ 和 TOL 浓度分布（ppbv，便携式 DOAS）

注：ppbv 指按体积计算十亿分之一。

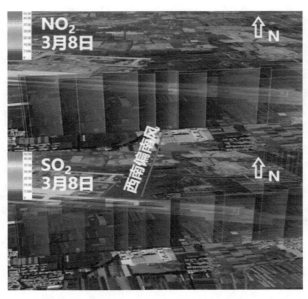

图 4-59 廊坊市某水泥厂下风向 NO_2 和 SO_2 柱浓度分布（车载 DOAS）

成像 DOAS 于 3 月 6 日上午对水泥厂进行了扫描观测。观测结果表明，重点 3 周围上方观测到有 NO_2 和 SO_2 分布，NO_2 浓度高值约为 4×10^{16} molec./cm^2，SO_2 浓度高值约为 5.5×10^{16} molec./cm^2，推测厂区有 NO_2 和 SO_2 排放的可能。

便携式 DOAS 和车载 DOAS 在重点 3 附近进行了走航观测，获取了走航沿线污染气体的柱浓度及浓度分布，在重点 3 下风向区域观测到 NO 浓度高值，NO 最高为 300 ppbv，SO_2 浓度相对于周围浓度出现升高现象，最高为 20 ppbv，其他污染气体浓度均在仪器检测限附近。

车载 DOAS 在观测期间，其下风向出现 NO_2 和 SO_2 柱浓度升高的现象，NO_2 最高为 3.86×10^{16} molec./cm^2，SO_2 最高为 3.06×10^{16} molec./cm^2，耦合观测期间的柱浓度和风场计算了观测期间的污染物排放通量，计算发现观测期间 NO_2 排放通量为 7.86 g/s，SO_2 排放通量为 15.65 g/s。

由于该公司厂内及其周围非道路移动机械较多，推测 NO_2 和 SO_2 来源于非道路移动机械排放。

（2）加工厂

成像 DOAS、便携式 DOAS、车载 DOAS 针对廊坊市某加工厂的观测结果如图 4-60～图 4-63 所示。

图 4-60　某加工厂上方 NO$_2$ 分布二维图（×10^{14} molec./cm^2）

图 4-61　某加工厂上方 SO$_2$ 分布二维图（×10^{14} molec./cm^2）

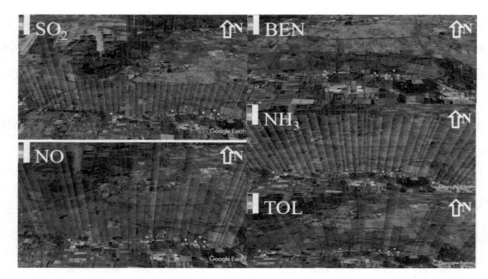

图 4-62　某加工厂下风向 SO$_2$、NO、苯、NH$_3$ 和 TOL 浓度分布（ppbv，便携式 DOAS）

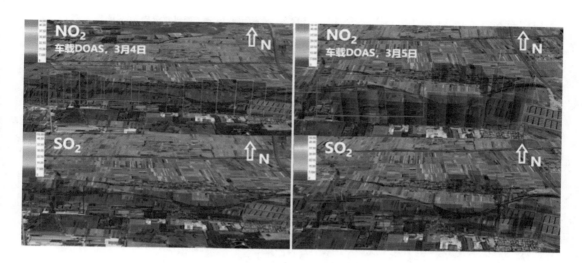

图 4-63 某加工厂下风向 NO_2 和 SO_2 柱浓度分布（车载 DOAS）

成像 DOAS 在该加工厂的邻近上方观测到 NO_2 分布，NO_2 SCD 最高值为 3.5×10^{16} molec./cm^2，SO_2 SCD 整体不高。成像 DOAS 观测结果表明，该加工厂存在 NO_2 污染排放的可能。

便携式 DOAS 走航期间在观测地点下风向附近观测到较高的 NO 浓度，最高为 400 ppbv，SO_2 浓度偏低，最高为 30 ppbv，其他污染气体浓度均在仪器检测限附近。

与成像 DOAS 和便携式 DOAS 类似，车载 DOAS 在 3 月 4 日及 5 日对该加工厂进行走航观测期间，下风向附近观测到 NO_2 柱浓度升高的现象，4 日最高为 3.25×10^{16} molec./cm^2，5 日最高为 4.41×10^{16} molec./cm^2，说明在该加工厂附近存在污染排放的可能，4—5 日观测期间 SO_2 柱浓度整体不高。

利用车载 DOAS 获取的污染物柱浓度，耦合风向计算了重点 6 的 NO_2 排放通量，最高为 18.76 g/s，平均为 17.71 g/s，存在 NO_2 排放，但整体排放不高。

考虑到上风向无其他污染源，推测 NO_2 排放来自该加工厂生产排放。

（3）其他重点

成像 DOAS 分别对重点监测对象疑似（重点 2）、污染集群（重点 4）和污染集群（重点 5）的上方进行了遥测（图 4-64～图 4-66）。受限于道路，在重点 1 附近未找到合适的扫描观测点，未能对重点 1 开展扫描观测。成像 DOAS 观测结果表明，观测点污染物分布相对均匀，未有明显的 NO_2 和 SO_2 污染。

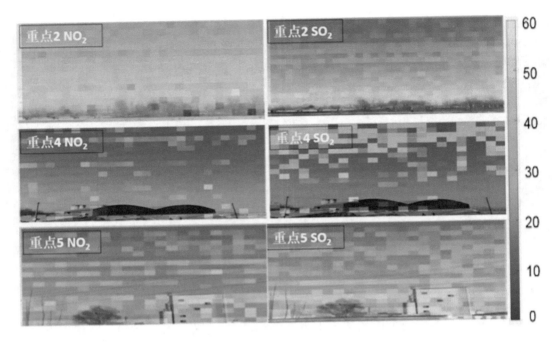

图 4-64 重点监测对象（2、4 和 5）NO$_2$、SO$_2$ 的 SCD 分布（×10^{14} molec./cm^2，成像 DOAS）

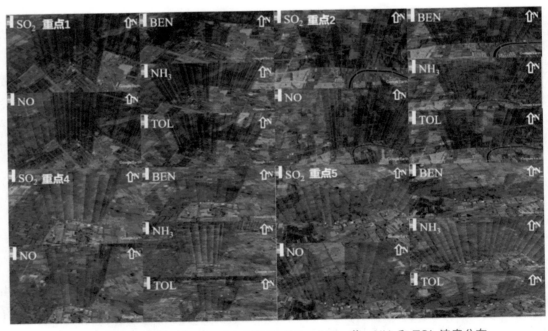

图 4-65 重点监测对象（1、2、4 和 5）SO$_2$、NO、苯、NH$_3$ 和 TOL 浓度分布

（ppbv，便携式 DOAS）

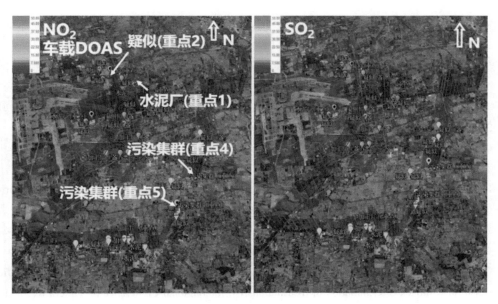

图 4-66 重点监测对象（1、2、4 和 5）NO$_2$、SO$_2$柱浓度分布（ppm·m，车载 DOAS）

便携式 DOAS 针对重点 1、2、4 和 5 的观测结果表明，这些观测重点下风向区域 SO$_2$、NO、苯、NH$_3$ 和 TOL 的浓度均偏低，部分 NO 高值由交通排放引起。

利用车载 DOAS 对重点 1、2、4 和 5 进行了近源走航观测，结果表明重点 1、2、4 和 5 附近的 NO$_2$ 和 SO$_2$ 柱浓度整体不高。

综上所述，成像 DOAS、车载 DOAS、紫外便携式 DOAS 针对重点对象的观测结果表明，水泥厂（重点 3，某水泥厂）和加工厂（重点 6，某加工厂）存在污染排放。具体来看，水泥厂（重点 3，某水泥厂）上方存在 NO$_2$ 和 SO$_2$ 分布，同时近源走航观测到较高浓度的 SO$_2$ 和 NO，其中 SO$_2$ 最高浓度为 23 ppbv，NO 最高浓度为 300 ppbv，NO$_2$ 排放通量为 7.86 g/s，SO$_2$ 为 15.65 g/s，NO$_2$ 和 SO$_2$ 排放推测来源于为非道路移动机械排放；加工厂（重点 6，某加工厂）上方存在 NO$_2$ 分布，近源走航观测到相对较高浓度的 NO 浓度，最高浓度为 400 ppbv，NO$_2$ 平均排放通量为 17.71 g/s，最高为 18.76 g/s，推测 NO$_2$ 排放来自于加工厂生产排放；其他监测重点——重点 1、2、4 和 5 的观测结果表明，观测的污染物浓度整体不高，未有明显的污染排放。

参考文献

[1] 张兴园，黄雅平，邹琪，等. 基于草图纹理和形状特征融合的草图识别[J/OL]. 自动化学报，2020，45（X）：1-15 [2020-07-22]. https://doi.org/10.16383/j.aas.c200070.

[2] Khotanzad A，Hong Y H. Invariant image recognition by Zernike moments[J]. IEEE Transactions on Pattern Analysis and Machine Intelligence，1990，12（5）：489-497.

[3] 吴艳双，张晓丽. 结合多尺度纹理特征的高光谱影像面向对象树种分类[J]. 北京林业大学学报，2020，42（6）：91-101.

[4] 张程，王进，鲁晓卉，等. 基于图像颜色和纹理特征的成品茶种类与等级识别[J]. 中国茶叶加工，2020（2）：5-11.

[5] 郭德鑫，康春玉，寇祝，等. 基于 STFT 变换和 Gabor 滤波的船舶辐射噪声张量特征提取[J]. 中国科技信息，2020（14）：96-98.

[6] Fan-jie Meng，Xin-qing Wang，Fa-ming Shao，et al. Visual-attention gabor filter based online multi-armored target tracking[J]. Defence Technology，2021，17（4）：1249-1261.

[7] Zhang T，Zhang P，Zhong W，et al. A Novel Gabor Filter-Based Deep Network Using Joint Spectral-Spatial Local Binary Pattern for Hyperspectral Image Classification[J]. Remote Sens. 2020（12）：1-14.

[8] Ojala T，Pietikainen M，Harwood D，et al. Performance evaluation of texture measures with classification based on Kullback discrimination of distributions[C]. International Conference on Pattern Recognition，1994.

[9] Ojala T，Pietikainen M，Harwood D. A Comparative Study of Texture Measures with Classification Based on Feature Distributions[J]. Pattern Recognition，1996（29）：51-59.

[10] 高程程，惠晓威. 基于灰度共生矩阵的纹理特征提取[J]. 计算机系统应用，2010，19（6）：195-198.

[11] 冯建辉，杨玉静. 基于灰度共生矩阵提取纹理特征图像的研究[J]. 北京测绘，2007（3）：19-22.

[12] 王俊平，李锦. 图像对比度增强研究的进展[J]. 电子科技，2013，26（5）：160-165.

[13] 王建文，李青. 一种基于图像相关的图像特征提取匹配算法[J]. 科技创新导报，2008（21）：49-50.

[14] 朱启兵，冯朝丽，黄敏，等. 基于图像熵信息的玉米种子纯度高光谱图像识别[J]. 农业工程学报，2012，28（23）：271-276.

[15] 袁非牛，章琳，史劲亭，等. 自编码神经网络理论及应用综述[J]. 计算机学报，2019，42（1）：203-230.

[16] Bengio Y，Courville A，Vincent P. Representation learning：A review and new perspectives[J]. IEEE transactions on pattern analysis and machine intelligence，2013，35（8）：1798-1828.

[17] 胡聪. 基于自编码器和生成对抗网络的图像识别方法研究[D]. 无锡：江南大学，2019.

[18] Kullback S，Leibler R A. On information and sufficiency[J]. The annals of mathematical statistics，1951，22（1）：79-86.

[19] Goodfellow I，Bengio Y，Courville A. Deep learning（Vol.1）[M]. Cambridge：MIT press，2016.

[20] Gu J，Wang Z，Kuen J，et al. Recent advances in convolutional neural networks[J]. Pattern Recognition，2018，77：354-377.

[21] Ioffe S，Szegedy C. Batch Normalization：Accelerating Deep Network Training by Reducing Internal Covariate Shift[C]. Proceedings of the 32nd International Conference on International Conference on Machine Learning，2015.

[22] Krizhevsky A，Sutskever I，Hinton G E. ImageNet classification with deep convolutional neural networks[C]. International Conference on Neural Information Processing Systems，2012.

[23] Simonyan K，Zisserman A. Very Deep Convolutional Networks for Large-Scale Image Recognition[C].

International Conference on Learning Representations，2015.

[24] Szegedy C，Liu W，Jia Y，et al. Going deeper with convolutions[C]. IEEE Conference on Computer Vision and Pattern Recognition（CVPR），2015.

[25] He K，Zhang X，Ren S，et al. Deep residual learning for image recognition[C]. In Proceedings of the IEEE conference on computer vision and pattern recognition，2016.

[26] Huang G，Liu Z，Der Maaten L V，et al. Densely Connected Convolutional Networks[C]. Computer Vision and Pattern Recognition，2017.

第 5 章 _____

"散乱污"企业环境强化管控关键技术

5.1 概述

本章面向我国大气环境综合监管的迫切需求，针对京津冀地区"散乱污"企业集群特征和环境质量控制要求，从产业和环保政策符合性、区域的环境敏感性、企业污染治理设施的完备性等方面开展重点污染物和特征污染物的监测和测试分析，掌握"散乱污"企业污染排放的基础特征和现状，测算"散乱污"企业及企业集群污染减排效果及潜力；开展"散乱污"企业集群的环境强化管控技术途径研究，建立全过程系统化的分区分行业管控技术途径及适宜性发展评估体系。

5.2 "散乱污"企业分类管控措施

5.2.1 分类管控的目的和原则

1. 分类管控目的

同属"散乱污"企业，其"散""乱""污"的表现形式和污染程度各有不同，在治理过程中采取的手段也不尽相同。"散乱污"企业分类管控是推动"散乱污"企业管理科学化、法治化、精细化和信息化的基础支撑，同时避免"一刀切"，体现生态环境保护工作初心的重要手段。

2. 分类管控原则

（1）底线原则

对"散乱污"企业进行分类处置，要将生态保护红线、环境质量底线、资源利用上线和环境准入负面清单、《产业结构调整指导目录》、《市场准入负面清单草案（试点版）》和地方性相关规划、意见、方案中已经明确的限制类和禁止类产业作为底线。对于违法违规、污染严重、无法实现升级改造的企业，应坚决关停取缔。

（2）因地制宜原则

对"散乱污"企业分类处置，要充分考虑区域实际情况，加强分析研判。

（3）科学评估原则

要从资源环境、社会经济等方面考察"散乱污"企业污染物排放、资源消耗及促进经济发展和拉动就业等方面的贡献度，对"散乱污"企业进行综合评判，确定"散乱污"企业整治方式。

3. 分类管控措施

（1）"散乱污"企业分类管控步骤

在产业政策、空间布局和环境经济贡献度评估的基础上，对"散乱污"企业从行业污染特征和污染物治理设施两个角度进行分类管控，具体措施包括关停取缔和提质改造两大类（表 5-1）。

表 5-1　分类管控途径

管控类型	管控措施	管控依据
关停取缔类	停止营业	不符合产业政策
	清理取缔	污染严重，达标无望
提质改造类	搬迁入园	具备改造提升的条件，但是受地域限制，或者不符合规划、不符合土地使用要求的"散乱污"企业
	限期整改	有提升改造条件，符合相关要求的"散乱污"企业

对于认定的"散乱污"企业，首先要在产业政策允许的框架下进行判断。对不符合产业政策，属于《产业结构调整指导目录》中落后生产工艺装备或产品名录的企业，污染严重且治理无望的企业要坚决取缔；对有发展潜力的企业，要找出环境问题的症结，判断是相关手续不齐全、工业布局不合理、污染治理设施与排污能力不匹配，还是项目本身存在

缺陷，推进有条件的企业提质改造。

如何判断企业是否有发展潜力？企业是否有实力在限期内完成整改？如果企业具备经济实力，有意愿在规定时间内通过设备升级、原址搬迁等手段实现污染物达标排放，那么这些企业肯定是具备发展潜力的。

对于自身没有经济实力进行改造的"散乱污"企业，是否一定属于没有发展潜力的企业，需要关停淘汰呢？每一个"散乱污"企业能够开工建设和维持运行都有复杂的社会背景，特别是一些企业在当地已经形成一定的规模，形成企业集群，占有固定市场份额，能够为当地带来税收、带动部分就业，产生社会效益和经济效益，如河北滦南县的铁锹行业、鸡泽县的铸造行业等。"散乱污"企业分类管控步骤如图 5-1 所示。

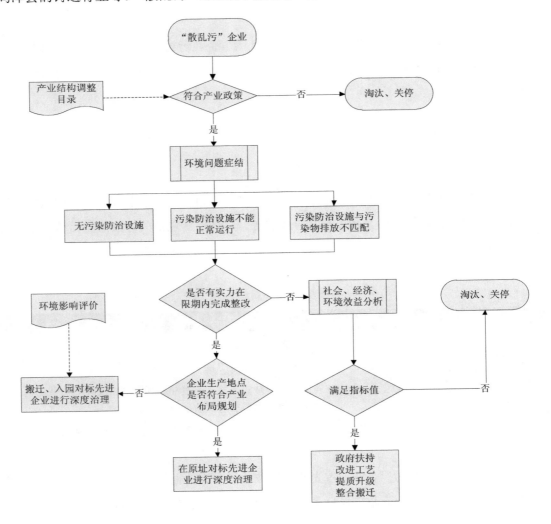

图 5-1 "散乱污"企业分类管控步骤

如果采取"一刀切"的简单形式，会导致新的矛盾产生，难以从根本上解决问题。因此，需要对这部分企业进行具体分析，需要在区域产业政策允许的框架下进行社会、经济和环境贡献度分析，根据分析结果采取相应的治理措施。如果企业相关指标在同行业中处于落后水平，说明该企业的经济效益差、就业人数不多、污染严重、没有发展潜力，应当关停淘汰；如果企业相关指标在同行业中处于中等以上水平，则说明该企业具有发展潜力，政府应当在经费、政策上给予扶持，帮助这类企业摘掉"散乱污"的帽子。

（2）关停取缔类

①不符合产业政策

坚决取缔和淘汰不符合产业结构调整方向、不符合区域产业准入条件的"散乱污"企业。"散乱污"企业如果确实不符合国家和地方的产业政策，属于落后产能，没有发展前景，虽然对地方经济做出些许贡献，但也消耗了大量的资源能源，污染了所在地的环境，阻碍了产业结构的优化升级，同时大量低端产业的小型制造加工企业没有办理工商、税务等手续，没有纳税。综合而言，如下这些企业社会经济效益很低：

- 属于《国务院关于加强环境保护若干问题的决定》中明令禁止的"十五小""新五小"产业；
- 属于《产业结构调整指导目录》中淘汰类的落后生产工艺和落后产品；
- 属于《市场准入负面清单草案（试点版）》禁止准入类；
- 属于地方性相关规划、意见、方案中已经明确的禁止类产业。

②污染严重，达标无望

属于"散乱污"重点行业，且无污染治理设施、污染物超标排放、经济效益差、对就业带动能力差，同时企业资金实力不足、治理成本超过经济回报的治理无望的"散乱污"企业，必须关停。在"散乱污"重点行业基础上，结合环保督察反馈情况，此类"散乱污"企业多为大群体、小规模、高耗能企业，具体行业信息见表5-2。另外，除重点行业外，还包括堆场类型企业，主要有小煤场、小渣场、小矸石场、小煤泥场、小粉煤灰场等。

表5-2 污染严重且达标无望的"散乱污"企业类型

行业	产品	生产工艺或设备	主要污染物	存在问题
农副食品加工	饲料	制粒	颗粒物、SO_2、NO_x	采用煤做燃料，未安装除尘、脱硫设施，或除尘仅采用重力法或水膜湿法
黑色金属冶炼和压延加工业	地条钢等产品	炼铁、轧钢	颗粒物、SO_2、NO_x、酸洗废气	使用煤气发生炉产生的煤气或使用重油等作为燃料，除尘仅采用重力法或水膜湿法

行业	产品	生产工艺或设备	主要污染物	存在问题
有色金属冶炼和压延加工业	铅、锌、铝、铜等产品	冶炼	颗粒物、SO_2、NO_x	熔炼、浇注、冷却工序未安装烟尘、脱硫、脱硝的收集、处理设施，或除尘仅采用重力法或水膜湿法
非金属矿物采选	砂石料	破碎、筛分、装卸	颗粒物	露天破碎、筛分、装卸，未安装粉尘收集、处理设施，或除尘仅采用重力法或水膜湿法
金属制品业	金属零件、工具、容器、丝绳、丝网、搪瓷制品	铸造	颗粒物、SO_2、NO_x、VOCs、铅	熔炼、浇注、冷却工序未安装烟尘收集、处理设施，或除尘仅采用重力法或水膜湿法
		锻造	颗粒物、SO_2、NO_x、酸洗废气	未安装相关环保治理设施
		电（热）镀	NO_x、酸雾	氰化镀锌，未安装相关环保治理设施
		焊接	颗粒物	无焊烟收集装置
		喷漆、浸塑、喷塑	颗粒物、SO_2、NO_x、VOCs	使用油性漆，未安装VOCs收集处理设施，或设施简陋、排放口不具备监测条件
		粉末冶金	颗粒物、SO_2、NO_x、VOCs	未安装VOCs收集处理设施，或设施简陋、排放口不具备监测条件
非金属矿物制品业	水泥	煅烧（水泥窑）	颗粒物、SO_2、NO_x	土立窑、一般机械化立窑；原辅料露天破碎，窑炉烟气未安装除尘设施，或除尘仅采用重力法或水膜湿法
		混合搅拌（水泥粉磨站）	颗粒物	水泥粉磨站磨机机头、机尾未安装除尘设施，或除尘仅采用重力法或水膜湿法；石灰窑
	水泥制品（预制板、预制墙、预制瓦、预制简易房）、砼结构件	物料混合搅拌	颗粒物	生产、运输、转运等产生粉尘的环节未安装粉尘收集设施，或除尘仅采用重力法或水膜湿法
	石棉水泥制品（石棉水泥瓦、石棉水泥板、石棉水泥砖及石棉水泥管）	物料混合、运输	颗粒物	生产、运输、转运等产生粉尘的环节未安装粉尘收集设施，或除尘仅采用重力法或水膜湿法
	石棉制品	物料混合	颗粒物	生产、运输、转运等产生粉尘的环节未安装粉尘收集设施，或除尘仅采用重力法或水膜湿法

行业	产品	生产工艺或设备	主要污染物	存在问题
非金属矿物制品业	石材	雕刻、打磨、切割	颗粒物	露天雕刻、打磨、切割；未安装粉尘收集设施，或除尘仅采用重力法或水膜湿法
	耐火材料	烧制	颗粒物、SO_2、NO_x	原辅料露天破碎的，窑炉烟气未安装除尘、脱硫、脱硝设施，或除尘仅采用重力法或水膜湿法
	石膏板	煅烧、干燥	颗粒物、SO_2、NO_x	原辅料露天破碎的，窑炉烟气未安装除尘、脱硫、脱硝设施，或除尘仅采用重力法或水膜湿法
	陶瓷制品	喷雾干燥、烧成	颗粒物、SO_2、NO_x	采用煤做燃料，未安装除尘、脱硫设施；采用煤气做燃料，未安装脱硫设施；窑炉烟气未安装除尘、脱硫、脱硝设施，或除尘仅采用重力法或水膜湿法
	砖瓦	煅烧（砖瓦窑）、养护	颗粒物、SO_2、NO_x、CO、氟化物	热工设备采用轮窑；原辅料露天破碎，窑炉烟气未安装除尘、脱硫设施，或除尘仅采用重力法或水膜湿法
	玻璃制品	熔制（玻璃窑炉）	颗粒物、SO_2、NO_x	原辅料露天破碎，窑炉烟气未安装除尘、脱硫、脱硝设施，或除尘仅采用重力法或水膜湿法
		淋漆、烤花	VOCs	未安装 VOCs 收集处理设施
	玻璃钢	成型、加工	VOCs、颗粒物	成型、煅烧、焙烧等工序未安装相关环保治理设施
	碳素电极	石油焦煅烧、阳极焙烧	颗粒物、SO_2、NO_x	窑炉烟气未安装除尘、脱硫、脱硝设施，或除尘仅采用重力法或水膜湿法
橡胶和塑料制品业	再生橡胶及制品	炼胶、成型、硫化、加热、裂解	VOCs	炼胶、成型、硫化工序未采取密闭工艺，VOCs 废气未收集处理；橡胶制品生产过程中，需加热工序 VOCs 废气未收集处理
		配料、混炼	颗粒物	未安装粉尘收集设施，或除尘仅采用重力法或水膜湿法
	再生塑料及制品	热熔、挤出	VOCs	未安装 VOCs 收集处理设施，或设施简陋、排放口不具备监测条件
木材加工业	胶合板生产	热压、制胶	VOCs	胶合板生产未安装 VOCs 废气收集处理设施
家具制造	家具	喷漆	VOCs	喷漆工序使用有机溶剂且未安装 VOCs 废气收集处理设施，有电镀、喷漆、破板、打磨、烘干、雕刻等工序，未配套相关环保治理设施的（仅手工打磨、组装、开榫或手工雕刻的除外）
化学原料和化学制品制造业	涂料、油漆、油墨、染料、胶黏剂等	有机合成、复配	VOCs	未采取密闭工艺，VOCs 废气未收集处理
石油、煤炭及其他燃料加工业	成品油	加热裂解	颗粒物、SO_2、NO_x、VOCs	未安装 VOCs 收集处理设施；未安装油气回收装置

行业	产品	生产工艺或设备	主要污染物	存在问题
机动车、电子产品和日用产品修理业	汽车修理	钣金	VOCs	钣金喷漆工序未安装 VOCs 收集处理设施
皮革、毛皮、羽毛及其制品和制鞋业	革制品	涂饰	VOCs	未安装 VOCs 收集处理设施，或设施简陋、排放口不具备监测条件
印刷和记录媒介复制业	印刷、包装产品	印刷、喷绘	VOCs	未安装 VOCs 收集处理设施，或设施简陋、排放口不具备监测条件
堆场	小煤场、小渣场、小矸石场、小煤泥场、小粉煤灰场	堆存	颗粒物	露天堆存

（3）提质改造类

对于符合产业政策、有发展潜力的"散乱污"企业，可采取以下措施：

一是搬迁入园。对符合产业政策，也具备改造提升的条件，但是受地域限制，或者不符合规划、土地使用要求的企业，开展搬迁入园、污染治理手段和设施升级改造等相关整顿措施，以符合当地环保、土地的规范要求。

二是限期整改。对符合产业政策及相关要求，对当地税收和就业产生显著作用，同时具有工程基础和技术整改能力，且整改后能实现污染物稳定达标的企业，应要求其限期整改、主动治污，在装备工艺、污染治理等方面提升改造，兼顾经济效益与环境效益，治理达标后再恢复生产。

"散乱污"企业和企业集群中有涉及国民经济基础性行业的，应当采取最完备的污染治理手段，保证其污染水平降到最低，满足当地环境监管要求。

5.2.2　"散乱污"企业减排潜力评估

1. "散乱污"企业减排潜力情景分析模型

（1）减排潜力情景分析模型

对于"散乱污"企业，首先应对资源环保政策、产业行业政策和市场准入负面清单三方面的符合性进行判断，若三方面中有任何一方面不符合，则应对该企业进行关停取缔。若三方面均符合，则应判断企业工艺提升的技术经济可行性，若技术经济可行，则以符合当前环保要求为目标进行提质改造。企业提质改造的减排潜力情景模型如图 5-2 所示[1]。

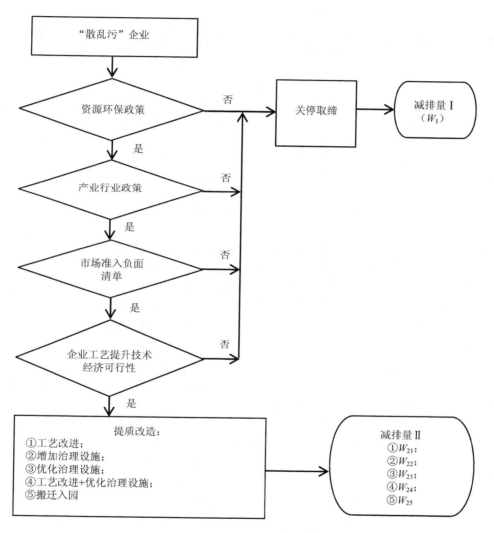

图 5-2　"散乱污"企业减排潜力情景模型

图 5-2 中，资源环保政策，即三线一单（生态保护红线、环境质量底线、资源利用上线）、环境准入负面清单和环境影响评价、三同时等环保手续及资源相关政策；产业行业政策，即产业结构调整指导目录，行业规范条件，国家、行业、产业及当地政策、发展规划和园区规划等；市场准入负面清单，即《市场准入负面清单（2018 年版）》；企业工艺提

升技术经济可行性，即依据当地政府相关要求及工艺革新、污染设施完善所需的投资运行成本，判断企业工艺提升的可行性。

（2）减排潜力情景设计及减排量模型

"散乱污"企业减排潜力情景设计、情景内容及减排量模型见表 5-3 [2, 3]。

表 5-3　"散乱污"企业减排潜力情景设计及减排量模型

减排情景	具体内容	减排量模型
①工艺改进	企业目前具备环保治理设施，仅通过对现有生产工艺进行优化改进、减少工艺生产过程污染物的产生量就可使外排污染物满足排放标准要求	$W_{21}=W_0\times（1-\eta_{21}）-W_{A1}\times（1-\eta_{21}）$ W_{21}：污染物减排量，t/a。 W_0：整改前污染物产生量，t 污染物/a（$W_0=R\times X_0$）。 R：年产品产量，t/a。 X_0：整改前污染物产生系数，t 污染物/t 产品。 W_{A1}：整改后污染物产生量，t 污染物/a（$W_{A1}=R\times X_1$）。 R：年产品产量，t/a。 X_1：整改后污染物产生系数，t 污染物/t 产品。 η_{21}：环保设施对污染物的去除率，%
②增加治理设施	企业目前现有生产工艺无须优化改进，但是无环保治理设施，无法满足排放标准要求，需要增加治理设施来满足排放标准要求	$W_{22}=W_0-W_0\times（1-\eta_{22}）$ W_{22}：污染物减排量，t/a。 W_0：整改前污染物产生量，t 污染物/a（$W_0=R\times X_0$）。 R：年产品产量，t/a。 X_0：整改前污染物产生系数，t 污染物/t 产品。 η_{22}：环保设施对污染物的去除率，%
③优化治理设施	企业目前现有生产工艺无须优化改进，具备环保治理设施，但是无法满足排放标准要求，需要优化改进治理设施来满足排放标准要求	$W_{23}=W_0\times（1-\eta_{30}）-W_0\times（1-\eta_{31}）$ W_{23}：污染物减排量，t/a。 W_0：整改前污染物产生量，t 污染物/a（$W_0=R\times X_0$）。 R：年产品产量，t/a。 X_0：整改前污染物产生系数，t 污染物/t 产品。 η_{30}：整改前环保设施对污染物的去除率，%。 η_{31}：整改后环保设施对污染物的去除率，%
④工艺改进+优化治理设施	企业目前具备环保治理设施，需要对现有生产工艺和环保治理设施都进行优化改进，使外排污染物满足排放标准要求	$W_{24}=W_0\times（1-\eta_{40}）-W_{A4}\times（1-\eta_{41}）$ W_{24}：污染物减排量，t/a。 W_0：整改前污染物产生量，t 污染物/a（$W_0=R\times X_0$）。 R：年产品产量，t/a。 X_0：整改前污染物产生系数，t 污染物/t 产品。 η_{40}：整改前环保设施对污染物的去除率，%。 W_{A4}：整改后污染物产生量，t 污染物/a（$W_{A4}=R\times X_1$）。 R：年产品产量，t/a。 X_1：整改后污染物产生系数，t 污染物/t 产品。 η_{41}：整改后环保设施对污染物的去除率，%

减排情景	具体内容	减排量模型
⑤搬迁入园	现有企业关停，搬迁进入工业园	$$W_{25}= W_0-W_{A5}\times（1-\eta_{25}）$$ W_{25}：污染物减排量，t/a。 W_0：整改前污染物产生量，t 污染物/a（$W_0= R\times X_0$）。 R：年产品产量，t/a。 X_0：整改前污染物产生系数，t 污染物/t 产品。 W_{A5}：整改后污染物产生量，t 污染物/a（$W_{A5}= R\times X_1$）。 R：年产品产量，t/a。 X_1：整改后污染物产生系数，t 污染物/t 产品。 η_{25}：环保设施对污染物的去除率，%
⑥关停取缔	企业不符合资源环保政策、产业行业政策、市场准入政策，而且企业工艺提升技术经济不可行，从而对企业进行"两断三清"、永久关停	$$W_1=W_0=R\times X_0$$ W_1：污染物减排量，t/a。 W_0：整改前污染物产生量，t 污染物/a。 R：年产品产量，t/a。 X_0：整改前污染物产生系数，t 污染物/t 产品

（3）污染物排放系数

根据同类型先进企业产污系数或现场实测及类比的污染物排放数据，确定污染物排放系数。以淄博市为例，整改前后污染物排放系数见表 5-4 和表 5-5。

表 5-4　整改前污染物排放系数 X_0

行业		单位产品污染物排放量/（kg/t 产品）			
		SO_2	NO_x	烟尘	VOCs
非金属矿物制品业	防水建筑材料	0.058 8	0.01	1.406 5	
	建筑陶瓷制品制造业	0.002 8	0.017 9	0.005 6	
	耐火陶瓷制品及其他耐火材料制造业	0.06	0.176	0.28	
	黏土砖瓦及建筑砌块制造业	0.709	0.138	0.294	
	日用玻璃制品及玻璃包装容器制造业	4	5	0.41	
	水泥制造业	0.146	1.746	0.252	
	特种陶瓷	0.054	0.522	0.237	
化学原料和化学制品制造业	复混肥料制造业	0.051 5	0.093 6	0.342 9	
	合成树脂制造业	—	—	—	0.7
	合成纤维单（聚合）体制造业	—	—	—	0.024
	化学试剂和制剂制造业	—	—	—	2.126 2
	无机酸制造业	0.218 7	0.085 2	0.057 2	
	颜料制造业	—	—	—	0.32
	油墨及类似产品制造业				0.395 4
	涂料制造业				0.275 9

行业		单位产品污染物排放量/（kg/t 产品）			
		SO₂	NOₓ	烟尘	VOCs
橡胶和塑料制品业	塑料包装箱及容器制造				0.28
	塑料薄膜制造	—	—	—	1.19
	塑料零件及其他塑料制品制造	—		—	0.467
	塑料丝、绳及编织品制造				0.094
木材加工和木竹藤棕草制品业	门窗加工				0.833 3
	木制品				1.443 3
印刷和记录媒介复制业	包装装潢	—			0.740 7
	印刷				1.08

表 5-5　整改后污染物排放系数 X_1

行业		单位产品污染物排放量/（kg/t 产品）			
		SO₂	NOₓ	烟尘	VOCs
非金属矿物制品业	防水建筑材料	0.029 4	0.005	0.703 2	
	建筑陶瓷制品制造业	0.001 4	0.008 9	0.002 8	
	耐火陶瓷制品及其他耐火材料制造业	0.03	0.088	0.14	
	黏土砖瓦及建筑砌块制造业	0.212 7	0.103 5	0.194 0	
	日用玻璃制品及玻璃包装容器制造业	2	2.5	0.205	
	水泥制造业	0.073	0.698 4	0.06	
	特种陶瓷	0.027	0.261	0.118 5	
化学原料和化学制品制造业	复混肥料制造业	0.030 9	0.056 1	0.205 7	
	合成树脂制造业				0.7
	合成纤维单（聚合）体制造业	—	—	—	0.024
	化学试剂和制剂制造业			—	2.126 2
	无机酸制造业	0.131 2	0.051 1	0.032 1	
	颜料制造业				0.32
	油墨及类似产品制造业				0.395 4
	涂料制造业				0.275 9
橡胶和塑料制品业	塑料包装箱及容器制造				0.28
	塑料薄膜制造	—			1.19
	塑料零件及其他塑料制品制造	—			0.467
	塑料丝、绳及编织品制造				0.094
木材加工和木竹藤棕草制品业	门窗加工	—		—	0.833 3
	木制品				1.443 3
印刷和记录媒介复制业	包装装潢				0.740 7
	印刷	—	—		1.08

注：表中行业类别为淄博"散乱污"重点减排行业，系数可供全国类似行业参考，其他未涉及行业污染物排放系数按照上文污染物排放系数确定方法核算。

（4）污染物常用治理技术去除率

模型中 SO_2、NO_x、烟尘和 VOCs 常见末端治理技术及去除率见表 5-6[4]。

表 5-6　污染物去除率

污染物	处理技术	去除率
SO_2	湿法脱硫（石灰石膏法）	80%～90%
	湿法脱硫（氨法）	80%～90%
	湿法脱硫（钠碱法）	80%～90%
	活性炭吸附法	80%～90%
NO_x	选择性催化还原法（SCR）	80%～90%
	选择性非催化还原法（SNCR）	20%～40%
	微生物法	70%～80%
	活性炭吸附法	80%～90%
	电子束法	75%～85%
烟尘	旋风+静电除尘法	80%～98.5%
	湿式除尘法（喷淋塔）	80%～90%
	湿式除尘法（文丘里）	80%～98%
	湿式除尘法（泡沫板）	85%～97%
	湿式除尘法（动力波）	85%～99.5%
	过滤除尘法（布袋除尘器）	85%～99%
	旋风收尘	50%～65%
VOCs	吸附法	90%～96%
	膜分离法	90%～98%
	冷凝法	70%～85%
	催化燃烧	90%～98%
	生物法	60%～95%

2. "散乱污"企业减排量估算方法

计算企业排污量的常规方法有三种：产排污系数法、实测法和物料平衡法。针对"散乱污"企业数量大、种类多、生产规模小且不规范等实际情况，无法采用实测法和物料平衡法进行计算。运用产排污系数法计算也存在困难：一是关键数据无法获取，从现有"散乱污"整治企业信息来看，尽管各城市统计的主要信息有所不同，但利用产排污系数估算所需的关键数据，如企业生产规模、产品种类、数量等信息，"2+26"城市均未进行统计;二是"散乱污"企业涉及部分行业(如塑料橡胶行业)和污染物(如 VOCs)的产排污系数不在《第一次全国污染源普查工业污染源产排污系数手册》(以下简称《工业污染源产排污系数手册》)范围内;三是缺少企业关停时间信息,无法获得企业生产时间。

基于上述情况,研究确定以下两种估算方法。

一是产排污系数法。"散乱污"企业多以工业摊点、工业小作坊形式存在,普遍无污染治理设施或污染防治设施不完善,通过计算企业产污量估算减排量,计算公式如下:

$$理论最大减排量=企业产污量=产污系数×产品产量 \qquad (5\text{-}1)$$

在产污系数选择上,采用生产规模(若有)最小且污染产生量最大的系数。《工业污染源产排污系数手册》中,若有生产规模分类,则产品产量按手册中最小的生产规模分类作为"散乱污"企业的年产品产量;若无生产规模分类,则用企业工业产值反推产品产量:

$$产品产量=工业产值/(产品市场价×0.4) \qquad (5\text{-}2)$$

二是污染物排放标准反推法。对于无法采用产排污系数法,但是可以查阅到行业污染物排放标准的,利用污染物排放标准进行反推,计算公式如下:

$$理论最大减排量=企业产污量=(排污浓度/平均去除效率)×废气量 \qquad (5\text{-}3)$$

调研相关行业大气污染物排放标准,选择 15 m 高烟囱的污染物排放浓度,根据治理设施的平均去除效率反推产污浓度。《工业污染源产排污系数手册》中无 VOCs 产排污系数,通过专家咨询(评估中心、北京市环科院等),结合文献和相关政策查阅,确定涉 VOCs "散乱污"企业生产规模(生产能力)的平均值及 VOCs 排放量的估算系数。

根据不同行业"散乱污"企业对空气污染的影响,可分行业、分类别计算"散乱污"整治带来的污染物排放量下降情况。

(1)金属制品业

估算方法:产排污系数法。

金属制品业的"散乱污"企业数量多,占总数的 15%。其中,铸造企业由于使用窑炉,对大气污染产生的影响比较大,主要空气污染物指标为工业烟尘和 SO_2。结合环保巡查反馈情况,金属制品业中的小铸造企业(铸铁件制造)在企业数量和污染物排放上所占的比重都很大。因此,采用铸造企业(铸铁件制造)估算非金属行业污染物减排情况。"散乱污"企业具有规模小、无污染治理设施等特点，可采用铸铁件生产最小生产规模（3 000 t/a）产污系数进行估算。地面或近地面排放的粉尘不计算在内。

《工业污染源产排污系数手册》中，铸铁件生产的最小规模是 3 000 t/a，工业烟尘和 SO_2 产污系数分别为 6.5 kg/t 产品、1.7 kg/t 产品。

（2）非金属矿物制品业

估算方法：产排污系数法。

非金属矿物制品业的"散乱污"企业占总数的 18%。对空气污染的影响主要考虑其生产工艺中窑炉使用过程对空气的污染，主要空气污染物指标为工业烟尘、SO_2、NO_x。由于水泥及其制品制造过程以地面或近地面的高度排放污染物；砖瓦制造以砌块工艺为主，采用锅炉蒸汽养护，对 $PM_{2.5}$ 的影响不显著。因此，采用石灰及其制品、石膏及其制品、玻璃和建筑陶瓷制造"散乱污"企业估算非金属矿物制品业污染物的减排情况。

石灰石膏及其制品：选择规模分类中的最小规模 100 t/d，对应最高产污系数为工业烟尘 24.949 kg/t 产品、SO_2 0.341 kg/t 产品、NO_x 0.124 kg/t 产品。

玻璃："散乱污"企业多以日用玻璃制造为主，选择规模分类中的最小规模日熔量 400 t/d，对应产污系数为工业烟尘 0.41 kg/t 产品、SO_2 8.638 kg/t 产品、NO_x 5 kg/t 产品。

建筑陶瓷：选择规模分类中的最小规模 150 万 m^2/a，对应产污系数工业烟尘 0.145 kg/t 产品、SO_2 1 270.131 kg/万 m^2 产品、NO_x 0.579 kg/t 产品。

（3）橡胶和塑料制品业

估算方法：污染物排放标准反推法、专家咨询法。

"散乱污"企业中的橡胶和塑料制品业占总数的 7%，以利用回收废旧塑料、橡胶再生产塑料、橡胶制品为主，主要生产活动包括切片、造粒、制丝、制袋等，主要污染物为 VOCs。由于 VOCs 排放量计算缺乏成熟的方法，采用污染物排放标准反推法和专家咨询法计算橡胶和塑料制品业 VOCs 减排量。

根据美国国家环保局《空气污染物排放和控制手册》中推荐的废气排放系数，塑料造粒过程非甲烷总烃排放系数取 0.35 kg/t，咨询中国环境科学研究院相关行业专家，小企业年均处理废塑料约为 1 500 t/a，取企业年均产造粒约为 1 500 t/a。

（4）木材加工和木竹藤棕草制品业

估算方法：产排污系数法。

"散乱污"企业中的木材业占总数的 5%，以木材加工（锯材、木片）、胶合板加工为主，对空气污染的影响主要考虑胶合板生产过程中的 VOCs 排放。但是，由于胶合板生产企业用胶种类众多、成分不确定，且受通风条件、温度、湿度、空间等因素影响较大，VOCs

排放量估算需要进一步研究确定估算方案。

（5）家具制造业

估算方法：专家咨询法、污染物排放标准反推法。

"散乱污"企业中的家具制造业占总数的5%，以木质和金属家具制造为主，对空气污染的影响主要考虑家具涂装生产环节的VOCs排放，根据企业用漆种类、用量及与VOCs排放量的量化关系估算。

通过咨询生态环境部环境工程评估中心、北京市生态环境保护科学研究院相关专家，根据北京市2016年家具企业总数和用漆总量计算得到，家具企业的平均涂料用量为19 t/a，在保证正常生产的情况下，家具企业的最低涂料用量为10 t/a，因此"散乱污"企业中家具制造企业涂料用量按10 t/a计算。

目前，家具企业常用的涂料品种有硝基涂料（NC）、酸固化涂料（AC）、不饱和树脂涂料（PE）、聚氨酯涂料（PU）、紫外光固化涂料（UV）、水性涂料（water）。酮类有机废气是涂料有机废气的主要来源。硝基涂料VOCs排放率在90%左右，不饱和树脂涂料VOCs排放率在50%~70%。"散乱污"企业受规模和成本影响，基本使用不饱和树脂涂料，按65%计算VOCs排放量。

北京市2015年发布的《挥发性有机物排污费征收细则》中，家具行业水性漆VOCs产污系数为$5×10^{-2}$ t/t油漆，油漆VOCs产污系数为$6×10^{-1}$ t/t油漆。

（6）化学原料和化学制品制造业

化学原料和化学制品制造业主要考虑生产过程中的VOCs排放，但是目前对于这类企业VOCs排放量的计算缺乏合理、成熟的方法，需要进一步研究估算方案。同时，根据"散乱污"企业数量统计结果，这类企业数量不大、占比较小，因此不再进行计算。

3. 淄博"散乱污"企业减排潜力模型及减排量计算

（1）淄博"散乱污"企业基本情况

淄博"散乱污"企业按所在县（区、市、旗）进行统计，其中数量较多的区县有临淄区（16.7%）、博山区（22.7%）、淄川区（15.5%）（图5-3）。专用设备制造业，非金属矿物制品业，居民服务、修理和其他服务业，金属制品业，电气机械和器材制造业，化学原料和化学制品制造业，家具制造业，橡胶和塑料制品业，农林牧副渔，木材加工和木竹藤棕草制品业等行业"散乱污"企业占比相对较高，均超过3%，总数超过70%（图5-4）。

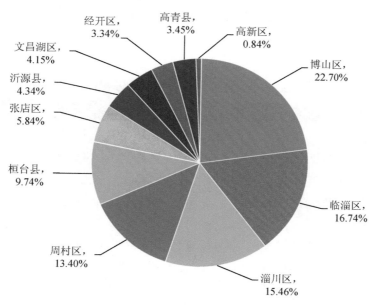

图 5-3　淄博各县（区、市、旗）的"散乱污"企业分布

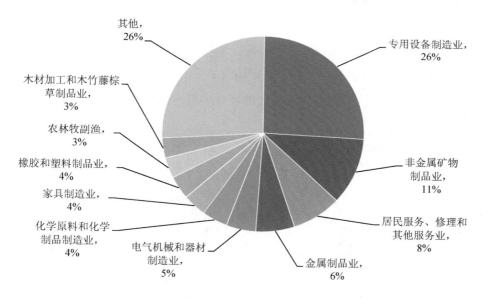

图 5-4　淄博"散乱污"企业行业分布及占比情况

（2）淄博"散乱污"企业污染物排放现状

通过分析，对空气污染产生直接影响的企业类型主要包括金属制品业，非金属矿物制品业，橡胶和塑料制品业，木材加工和木竹藤棕草制品业，家具制造业，化学原料和化学制品制造业，有色金属冶炼和压延加工业，黑色金属冶炼和压延加工业，皮革、毛皮、羽

毛及其制品和制鞋业，化学纤维制造业，印刷和记录媒介复制业等。各行业对 PM$_{2.5}$ 的贡献见表 5-7。

表 5-7 各行业空气污染中 PM$_{2.5}$ 的污染物类型

序号	行业类别	污染物
1	金属制品业	烟尘、SO$_2$
2	非金属矿物制品业	烟尘、SO$_2$、NO$_x$、VOCs
3	橡胶和塑料制品业	VOCs
4	木材加工和木竹藤棕草制品业	VOCs
5	家具制造业	VOCs
6	化学原料和化学制品制造业	烟尘、SO$_2$、NO$_x$、VOCs
7	有色金属冶炼和压延加工业	烟尘、SO$_2$
8	黑色金属冶炼和压延加工业	烟尘、SO$_2$、NO$_x$
9	皮革、毛皮、羽毛及其制品和制鞋业	VOCs
10	化学纤维制造业	VOCs
11	印刷和记录媒介复制业	VOCs

表 5-7 统计在内的对空气污染产生直接影响的 11 个行业涉及"散乱污"企业的共 8 337 家，占企业总数的 35.77%。其中，非金属矿物制品业占比最高，为 30.79%，具体行业分布情况如图 5-5 所示。对空气污染影响较大的行业主要污染物排放量见表 5-8。

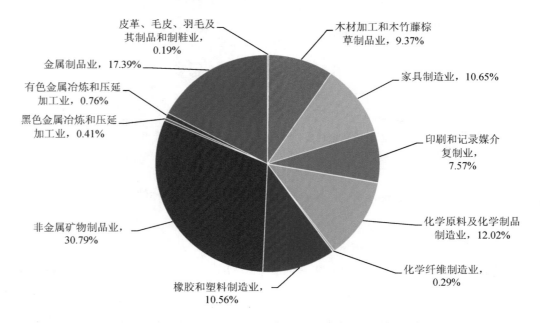

图 5-5 对空气污染产生直接影响的"散乱污"企业行业分布

表 5-8 对空气污染影响较大的行业主要污染物排放量 单位：t/a

序号	行业	烟尘排放总量	SO₂排放总量	NOₓ排放总量	VOCs排放总量
1	非金属矿物制品业	644.25	1 539.65	1 897.36	1.98
2	金属制品业	103.36	0.04	—	—
3	化学原料和化学制品制造业	255.58	661.23	88.95	84.75
4	家具制造业	—	—	—	101.22
5	橡胶和塑料制品业	0.77	0.74	2.07	179.92
6	木材加工和木竹藤棕草制品业	—	—	—	67.67
7	印刷和记录媒介复制业	—	—	—	49.90
8	化学纤维制造业				16.83
9	有色金属冶炼和压延加工业	4.80	2.08		—
10	黑色金属冶炼和压延加工业	220.03	3.12	4.46	
11	皮革、毛皮、羽毛及其制品和制鞋业	—	—	—	2.28
	合计	1 228.79	2 206.87	1 992.84	504.55

注：— 表示该行业不考虑该污染物的排放。

采用污染物排放量模型对各污染物的排放量进行计算，烟尘排放共 1 228.79 t/a，其中非金属矿物制品业排放量最高，占比 52.43%（图 5-6）；SO₂ 排放共 2 206.87 t/a，其中非金属矿物制品业排放量最高，占比 69.77%（图 5-7）；NOₓ 排放共 1 992.84 t/a，其中非金属矿物制品业排放量最高，占比 95.21%（图 5-8）；VOCs 排放共 504.55 t/a，其中橡胶和塑料制品业排放量最高，占比 35.66%（图 5-9）。

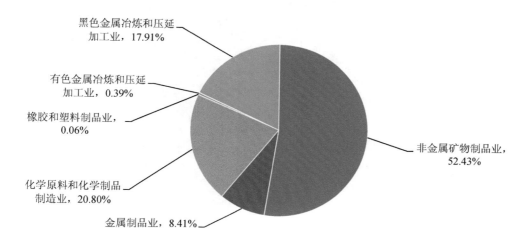

图 5-6 烟尘排放量行业分布

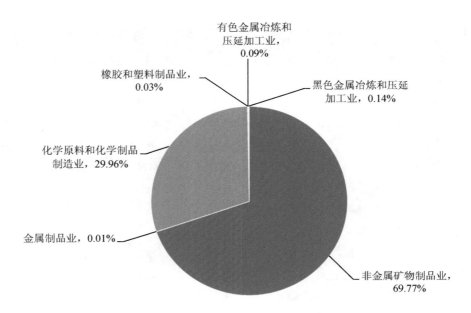

图 5-7 SO₂排放量行业分布

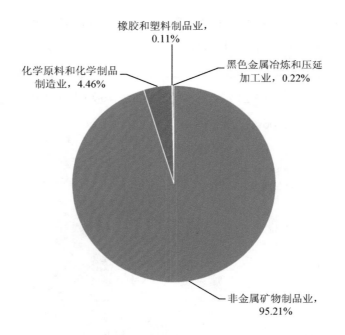

图 5-8 NOₓ排放量行业分布

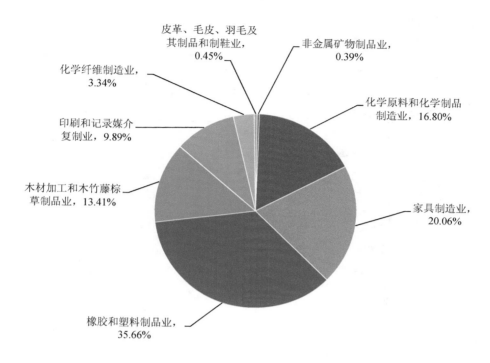

图 5-9 VOCs 排放量行业分布

淄博各地区整改前，SO_2 排放量大于 100 t/a 的区域为博山区、淄川区、桓台县、文昌湖区、周村区等地，其中淄川区的 SO_2 排放量最大；NO_x 排放大于 100 t/a 的区域主要是淄川区、博山区、文昌湖区、周村区、临淄区、张店区等地，其中淄川区 NO_x 排放量最大；烟尘排放大于 100 t/a 的区域为淄川区、博山区、张店区、临淄区、桓台县、周村区等地，其中淄川区烟尘排放量最大。淄博各区域均有 VOCs 排放，其中排放量大于 10 t/a 的地区为周村区、临淄区、淄川区、桓台县、张店区、博山区、沂源县等地，其中周村区排放量最大。

（3）淄博"散乱污"企业减排潜力计算技术路线

淄博"散乱污"企业减排潜力按照图 5-10 所示的技术路线进行计算，各污染物减排量见表 5-9。

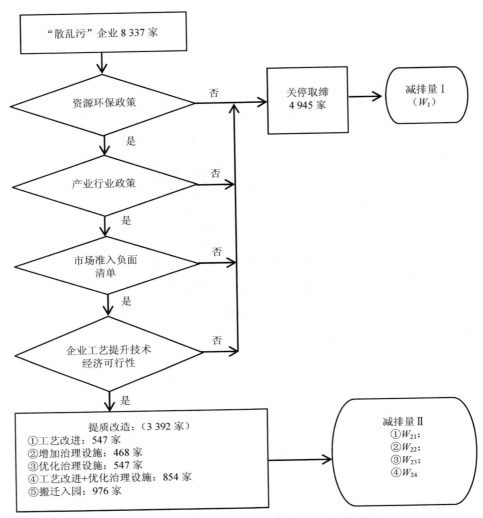

图 5-10　淄博市"散乱污"企业减排潜力计算路线

表 5-9　各污染物减排量统计

污染物 减排量	减排量/（t/a）			
	SO$_2$	NO$_x$	烟尘	VOCs
W_1	984.93	1 244.83	829.78	190.82
W_{21}	103.92	52.69	35.18	18.15
W_{22}	88.91	45.08	30.10	15.53
W_{23}	103.92	52.69	35.18	18.15
W_{24}	162.24	82.26	54.93	28.34
W_{25}	185.42	94.01	62.78	32.38

3 392 家提质改造企业的行业分布及整改前后污染物排放量见表 5-10。

表 5-10　提质改造企业行业分布及整改前后污染物排放量　　　　　　　　单位：t/a

行业名称	整改前产品污染物排放量					整改后产品污染物排放量				
	数量/家	SO₂	NOₓ	烟尘	VOCs	数量/家	SO₂	NOₓ	烟尘	VOCs
非金属矿物制品业	428	630.20	707.86	167.57	—	428	318.71	400.32	104.94	—
化学原料及化学制品制造业	344	589.94	39.32	228.25	84.75	344	257.15	20.85	72.82	20.95
橡胶和塑料制造业	455	0.13	0.75	0.12	93.91	455	0.01	0.05	0.02	60.90
木材加工和木竹藤棕草制品业	381	—	—	—	41.26	381	—	—	—	25.51
印刷和记录媒介复制业	464	—	—	—	39.87	464	—	—	—	39.87
金属制品业	841	—	—	3.04	—	841	—	—	3.04	—
家具制造业	399	—	—	—	41.50	399	—	—	—	41.50
化学纤维制造业	19	—	—	—	10.45	19	—	—	—	10.45
有色金属冶炼和压延加工业	43	1.56	—	—	—	43	1.56	—	—	—
黑色金属冶炼和压延加工业	6	0.09	0.08	0.04	—	6	0.09	0.08	0.04	—
皮革、毛皮、羽毛及其制品和制鞋业	12	—	—	—	1.99	12	—	—	—	1.99
合计	3 392	1 221.93	748.01	399.02	313.72	3 392	577.53	421.30	180.85	201.17

（4）淄博"散乱污"企业减排潜力评估结果

淄博统计在内的对空气污染产生直接影响的 11 个行业（以下简称"重点行业"）涉及的"散乱污"企业共 8 337 家，关停取缔 4 945 家，提质改造整改后剩 3 392 家。整改前后污染物排放量如图 5-11 所示，通过整改，烟尘排放量减排 85%，VOCs 排放量减排 60%，SO₂ 排放量减排 74%，NOₓ 排放量减排 79%。

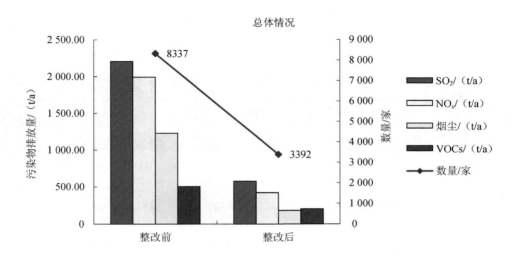

图 5-11   整改前后污染物排放量

①重点行业污染物减排潜力评估

非金属矿物制品业（图 5-12）"散乱污"企业整改前后的数量由 2 567 家变为 428 家。通过整改，烟尘排放量减排 84%，VOCs 排放量减排 100%，SO_2 排放量减排 79%，NO_x 排放量减排 83%。

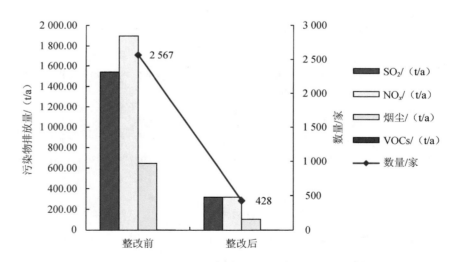

图 5-12   非金属矿物制品业整改前后污染物排放情况

金属制品业（图 5-13）"散乱污"企业整改前后的数量由 1 450 家变为 841 家。通过整改，烟尘排放量减排 97%，SO_2 排放量减排 99%。

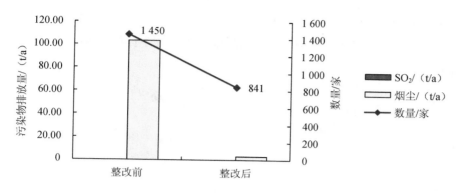

图 5-13 金属制品业整改前后污染物排放情况

化学原料和化学制品制造业（图 5-14）"散乱污"企业整改前后的数量由 1 002 家变为 344 家。通过整改，烟尘排放量减排 72%，VOCs 排放量减排 75%，SO_2 排放量减排 61%，NO_x 排放量减排 77%。

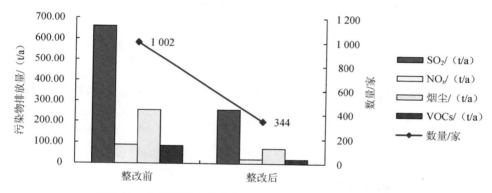

图 5-14 化学原料和化学制品制造业整改前后污染物排放情况

家具制造业（图 5-15）"散乱污"企业整改前后的数量由 888 家变为 399 家。通过整改，VOCs 排放量减排 59%。

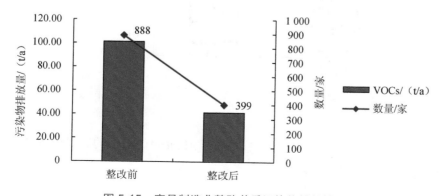

图 5-15 家具制造业整改前后污染物排放情况

橡胶和塑料制品业（图 5-16）"散乱污"企业整改前后的数量由 880 家变为 455 家。通过整改，SO$_2$ 排放量减排 99%，NO$_x$ 排放量减排 98%，烟尘排放量减排 98%，VOCs 排放量减排 66%。

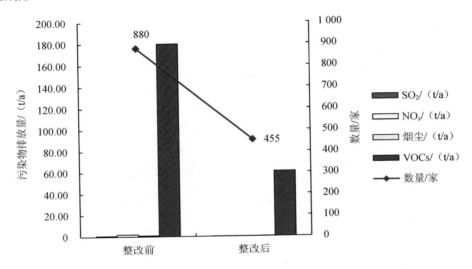

图 5-16　橡胶和塑料制品业整改前后污染物排放情况

木材加工和木竹藤棕草制品业（图 5-17）"散乱污"企业整改前后的数量由 781 家变为 381 家。通过整改，VOCs 排放量减排 62%。

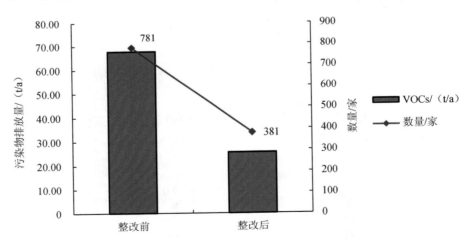

图 5-17　木材加工和木竹藤棕草制品业整改前后污染物排放情况

印刷和记录媒介复制业（图 5-18）"散乱污"企业整改前后的数量由 632 家变为 464 家。通过整改，VOCs 排放量减排 20%。

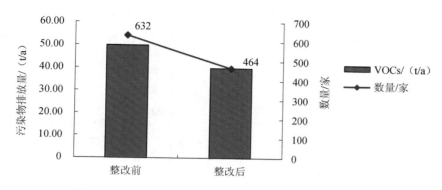

图 5-18 印刷和记录媒介复制业整改前后污染物排放情况

化学纤维制造业（图 5-19）"散乱污"企业整改前后的数量由 24 家变为 19 家。通过整改，VOCs 排放量减排 38%。

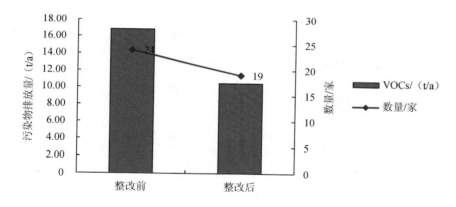

图 5-19 化学纤维制造业整改前后污染物排放情况

有色金属冶炼和压延加工业（图 5-20）"散乱污"企业整改前后的数量由 63 家变为 43 家。通过整改，烟尘排放量减排 98%，SO_2 排放量减排 25%。

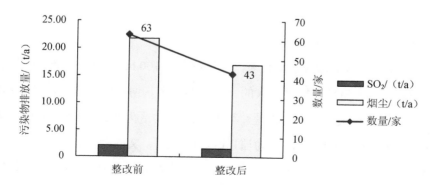

图 5-20 有色金属冶炼和压延加工业整改前后污染物排放情况

　　黑色金属冶炼和压延加工业（图 5-21）"散乱污"企业整改前后的数量由 34 家变为 6 家。通过整改，烟尘排放量减排 99%，SO$_2$ 排放量减排 96%，NO$_x$ 排放量减排 98%。

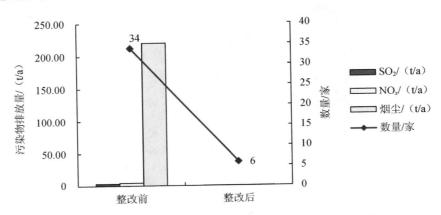

图 5-21　黑色金属冶炼和压延加工业整改前后污染物排放情况

　　皮革、毛皮、羽毛及其制品和制鞋业（图 5-22）"散乱污"整改前后企业的数量由 16 家变为 12 家。通过整改，VOCs 排放量减排 13%。

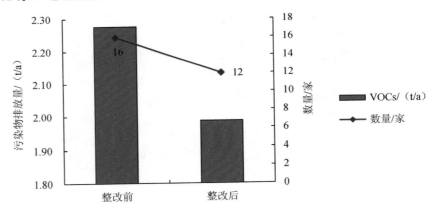

图 5-22　皮革、毛皮/羽毛及其制品和制鞋业整改前后污染物排放情况

②污染物地区减排潜力评估

　　淄博各地区整改后，SO$_2$ 减排效果显著，排放量大于 100 t/a 的地区为博山区和桓台县，其中博山区排放量最大；SO$_2$ 减排量较大的区域为淄川区、博山区、周村区和文昌湖区等地，其中淄川区减排量最大。NO$_x$ 排放量大于 100 t/a 的地区为博山区和淄川县，其中博山区排放量最大；NO$_x$ 减排量较大的区域为淄川区、博山区、文昌湖区和周村区等地，其中淄川区减排量最大。烟尘减排效果非常显著，无地区排放量大于 100 t/a；烟尘减排量较大的区域为淄川区、博山区、张店区、临淄区、桓台县、周村区等地，其中淄川区减排量最

大。VOCs 排放量大于 10 t/a 的地区为周村区、桓台县、淄川区、博山区、临淄区、高青县和张店区,其中周村区排放量最大;VOCs 减排量较大的地区为周村区、临淄区、淄川区、桓台县、张店区和博山区等地,其中周村区减排量最大。

参考文献

[1] 宋红印. 基于 DEA 的中国节能减排视在潜力分析方法研究[D]. 杭州:浙江大学,2013.

[2] 余泳泽. 我国技能减排潜力、治理效率与实施路径研究[J]. 中国工业经济,2011(5):62-63.

[3] 赵阳. 山东省制造业节能减排潜力及实现路径[D]. 济南:山东财经大学,2013.

[4] 科学技术部,环境保护部. 大气污染防治先进技术汇编[G]. 北京:科学技术部与环境保护部,2014.

第6章

"散乱污"企业动态监管应用示范

6.1 概述

本章对大气污染物反演、关注网格识别、大气环境污染高发指数生成、"散乱污"企业集群判定、车载走航观测等关键技术与数据进行集成,形成了"散乱污"企业动态监管数据管理与分析平台;针对重点网格,用污染源数据排除重点企业污染源影响,用高分数据识别疑似"散乱污"企业,再结合地面核查、地面车载等手段实现精细化识别,在京津冀及周边、汾渭平原等地区开展应用示范,进而利用遥感监测结果对"散乱污"企业整治效果进行评估。

6.2 "散乱污"企业动态监管数据管理与分析平台

6.2.1 概述

"散乱污"企业动态监管数据管理与分析平台基于 Web 技术、GIS 技术、无线传输技术、网络数据库技术,结合实际业务需求与相关数据模型,因地制宜地开展平台系统建设,对"散乱污"企业动态监管数据管理与分析进行深化与拓展,不断提升环境监督管理水平。

该平台的建设方便管理者利用现势性信息资源解决实际问题,减少人员劳动强度,提高环境监督管理效率,将有效提高环境污染的动态监控、风险管理、突发事件预测报警和科学应对能力,促进监管业务向精细化、系统化、信息化、科学化与自动化迈进,增强环境监测能力、应急预警能力与防灾减灾能力,保障环境管理工作的安全高效。

6.2.2 构建目标

基于"'散乱污'企业动态监管数据管理与分析平台"研究课题，在现有业务系统下实现"散乱污"企业动态监管数据处理、入库归档、数据分析及专题制图等，包括对污染物反演、关注网格识别、污染高发指数生成及企业集群判定等数据处理，以生成"散乱污"企业动态监管与分析所需的数据产品。具体目标如下：

数据处理方面，按照统一的标准规范和要求，完成对卫星遥感、车载光学遥感、地面空气质量监测、污染源在线监测等基础数据，以及重点关注网格、污染气体遥感反演、大气污染高发指数、"散乱污"企业判定及监管、"散乱污"企业环境强化管控等业务数据的综合整理、标准化处理和入库归档等；

综合分析方面，根据"散乱污"企业动态监管业务需求，基于入库归档的多源数据进行综合分析，通过聚类计算分析提取"散乱污"企业集群，并对企业污染状况指标进行历史同期对比、时空统计分析等；

产品输出方面，根据"散乱污"企业动态监管产品格式、图像渲染等要求，设计"散乱污"企业动态监管报告、专题图等系列模板，结合统计分析结果快速生成标准化、规范化的大气污染物空间分布和趋势、"散乱污"企业集群空间分布、"散乱污"企业集群强化管控措施分析等监测报告、专题图产品。

6.2.3 构建内容

"散乱污"企业动态监管数据管理与分析平台将环保业务数据进行集中管理与存储，接入基础的天地图数据、"散乱污"企业数据、热点网格数据、遥感监测数据（HCHO、CHOCHO、高发指数、O_3、SO_2、NO_2、灰霾、颗粒物等）、石家庄微型站数据、石家庄乡镇站数据、廊坊图斑数据、车载 DOAS 数据、紫外便携 DOAS 数据等环境数据及环境总结报告、环境标准规范等报告数据，实现以上数据的可视化应用基本功能，并从业务角度出发引入京津冀、汾渭平原与长三角等环境监督重点区域，提供条件丰富的查询检索、简洁直观的统计分析与预警功能，提高环境监督管理效率。

6.2.4 总体架构

"散乱污"企业动态监管数据管理与分析平台系统架构可分为基础支撑层、数据管理层、服务支持层、业务逻辑层、服务对象层共 5 个层次，如图 6-1 所示。

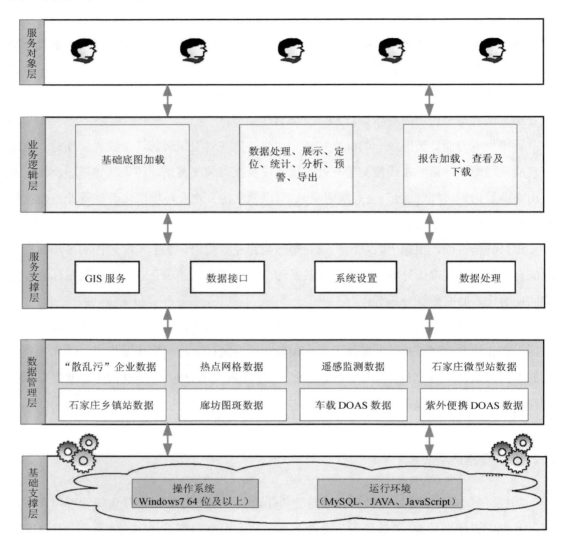

图 6-1　平台总体架构

基础支撑层：负责为该平台系统的运行提供底层基础支撑软硬件环境和运行载体，包括 Windows7 等操作系统类软件，MySQL、JAVA、JavaScript 等应用服务类运行环境软件，以及日志管理、配置管理等其他相关运行支撑软件。

数据管理层：作为该平台系统的数据枢纽，负责对"散乱污"企业数据、热点网格数据、遥感监测数据、石家庄微型站数据、石家庄乡镇站数据、廊坊图斑数据、车载 DOAS 数据、紫外便携 DOAS 数据等进行管理和集成，为上层应用提供数据支撑。

服务支撑层：按照"软件定义基础架构"和"插件"的软件实现思路，在操作系统等基础支撑软件与应用处理层之间抽象出系统服务支持层，作为整个系统软件的共性基础设施，类似于基础支撑环境一样发挥基础作用，包括 GIS 服务、数据接口、系统设置、数据处理。

业务逻辑层：通过遵循用户需求和设计方案，完成该平台系统的具体业务功能，分为基础底图加载，数据处理、展示、定位、统计、分析、预警、导出，报告加载、查看及下载。

服务对象层：本层是虚拟层，为使用该平台的用户提供业务保障服务。

6.2.5 功能组成

"散乱污"企业动态监管数据管理与分析平台可以划分为动态监管软件和可视化处理软件两大部分（图6-2）。其中，动态监管软件可以分为 3 个部分：①地图模块，包括天地图矢量底图和天地图影像底图；②数据集成，包含"散乱污"企业数据、热点网格数据、遥感监测数据、石家庄微型站数据、石家庄乡镇站数据、廊坊图斑数据、车载 DOAS 数据、紫外便携 DOAS 数据等；③报告管理，包含环境总结报告，环境标准规范等。可视化处理软件可以分为影像数据可视化处理和矢量数据可视化处理 2 个部分。

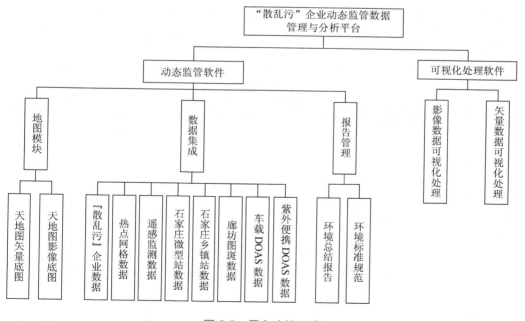

图6-2 平台功能组成

6.2.6 示范应用

"散乱污"企业动态监管数据管理与分析平台在示范应用中通过勾选"散乱污"菜单，

可以加载"散乱污"管理页面（图 6-3），在地图上叠加"散乱污"企业信息，在下侧显示企业列表信息。

图 6-3   "散乱污"管理页面

通过"查询"菜单可以针对省、市的"散乱污"企业进行查询与统计（图 6-4），结果以列表形式展现，包括个数与统计饼状图（在地图上叠加显示）；单击"企业列表"可查询定位至该企业，单击"企业图标"，可以显示企业的属性信息。

图 6-4   "散乱污"企业查询与统计

通过勾选"热点网格"菜单，可以加载"热点网格"管理页面，在地图上叠加热点网格信息，在下侧显示网格列表信息（图6-5、图6-6）。

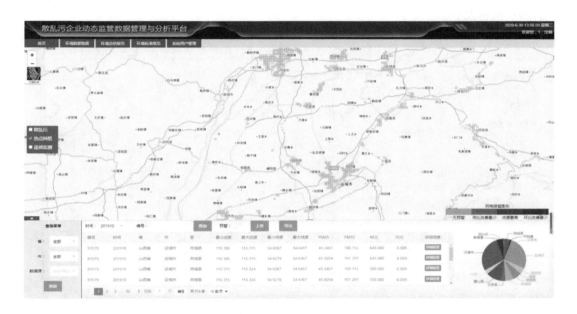

图 6-5　"热点网格"管理页面

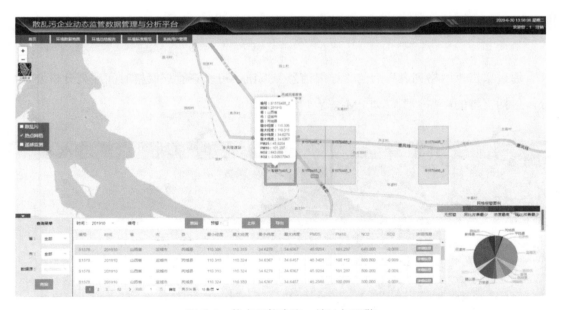

图 6-6　热点网格查询、统计与预警

通过"查询"菜单，可以针对省、市的热点网格进行查询与统计（图6-7），结果以列表形式展现，包括统计饼状图（在地图上叠加显示）；单击"网格列表"可查询定位至该网格，单击"网格图标"可以显示网格的属性信息；通过勾选"预警"选择框，可以对当前加载的热点网格数据进行预警分级与显示；通过"时间"下拉框，可以选择加载不同时次的热点网格文件。

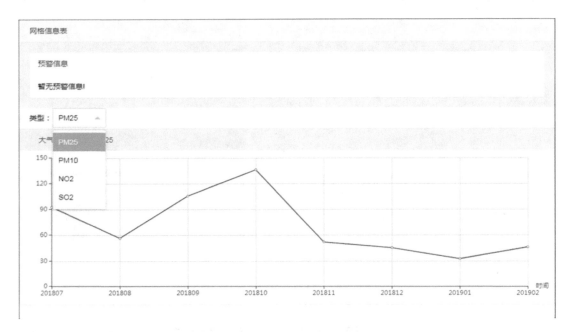

图 6-7　热点网格时间序列分析统计

通过单击"网格列表"后的"详细信息"按钮，可以查看该网格时间序列分析统计情况，包括支持的产品类型，如 $PM_{2.5}$ 等（图 6-8）。

图 6-8　遥感监测——$PM_{2.5}$

通过勾选"遥感监测"菜单，可以加载遥感监测管理页面，选择产品类型、日期等条件，可以查询相关产品数据（图 6-9～图 6-10）；点击"显示数据"，可以将遥感监测产品叠加至地图进行显示，通过"查询"菜单的省、市下拉框可以对显示的产品根据区域进行裁剪，以方便区域人员查看与使用。

图 6-9　遥感监测——霾

图 6-10　遥感监测——NO₂

该平台支持环境总结报告与环境标准规范等报告管理（图 6-11）。环境总结报告支持按类型、周期与时间等条件进行查询与浏览，同时支持上传与删除；环境标准规范支持浏览功能。

图 6-11　报告管理

6.3　重污染过程应用示范

2018 年 3 月 8—15 日，京津冀及周边地区发生了一次较大范围的 $PM_{2.5}$ 持续污染过程。基于本书的 $PM_{2.5}$ 遥感监测方法模型和重点关注网格筛选技术流程，利用 MODIS 数据结合气象资料对京津冀及周边地区的 $PM_{2.5}$ 污染过程动态变化进行遥感监测分析，并筛选区域 $PM_{2.5}$ 浓度重点关注网格，为大气环境管理部门提供决策信息支持。

6.3.1　重污染过程 $PM_{2.5}$ 遥感监测结果验证

为了验证本书构建的 $PM_{2.5}$ 卫星遥感监测方法的可靠性，首先利用地面环境空气质量监测站点实测结果与卫星遥感估算结果进行对比分析，结果如图 6-12 所示。

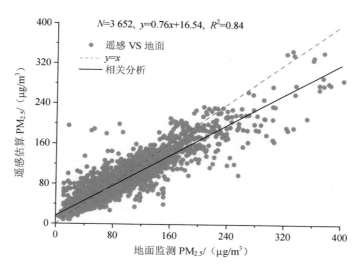

图 6-12　卫星遥感估算与地面实测 PM$_{2.5}$浓度对比分析

根据京津冀及周边地区地面环境空气质量自动监测站点的实测结果，从卫星遥感估算结果中提取与地面站点相应的 PM$_{2.5}$遥感反演结果，以地面监测结果为横轴、卫星遥感估算结果为纵轴绘制散点图，并进行对比分析，结果表明：卫星遥感估算结果与地面实测结果之间具有较高的相关性，相关系数超过 0.9（决定系数大于 0.81），并且大部分散点分布在 $y=x$ 线附近，这说明卫星遥感估算结果总体与地面实测结果较为接近。经统计，卫星遥感估算结果的均方根误差为 21.9 μg/m³，平均绝对误差为 14 μg/m³，相对精度为 72.6%（相对精度=1−均方根误差/地面实测均值）。总体来看，卫星遥感反演结果与地面实测结果较为吻合，能有效表征区域 PM$_{2.5}$时空分布变化特征。

6.3.2　重污染过程 PM$_{2.5}$遥感监测

图 6-13 卫星遥感监测结果的 PM$_{2.5}$分布（图中空白处为云覆盖区）。2018 年 3 月 8—15 日，京津冀及周边地区出现大范围 PM$_{2.5}$污染天气过程：3 月 8 日，区域大部分地区为优良天气，山西南部和河南南部等地出现轻度污染；从 9 日开始，河南北部和山西东南部等地 PM$_{2.5}$浓度快速上升至中度污染水平，河北南部至河南北部一带大部分地区为轻度污染；3 月 10 日，北京南部、天津大部、河北南部至河南北部一带的 PM$_{2.5}$浓度达到重度污染水平；11—13 日，京津冀南部至河南北部的 PM$_{2.5}$重污染地区分布较为稳定，并呈向周边辐射扩大的趋势，这可能与区域静稳天气有关；14 日，PM$_{2.5}$高值区气团整体向东北方向移动；15 日，京津冀及周边地区的 PM$_{2.5}$污染气团快速消散。

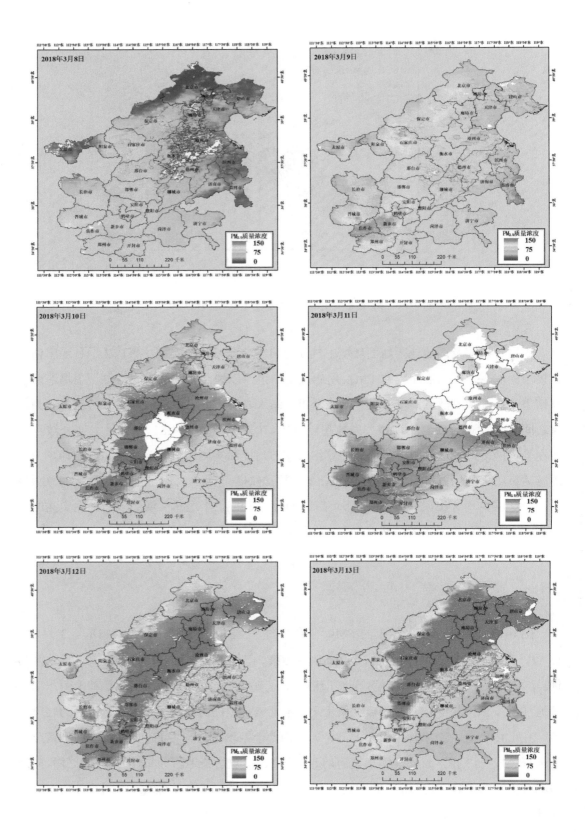

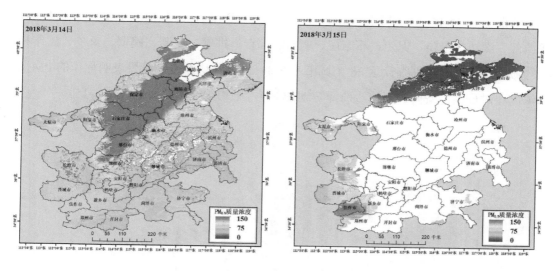

图 6-13 2018 年 3 月 8—15 日京津冀及周边地区 PM$_{2.5}$遥感监测分布

6.3.3 重点关注网格筛选

为进一步圈定 PM$_{2.5}$污染排放源"靶区",根据本书重点关注网格筛选方法及技术流程,基于上述京津冀及周边地区和"2+26"城市地区的 PM$_{2.5}$时空变化特征,综合考虑选取 PM$_{2.5}$覆盖率较高、区域传输影响较小的 3 月 12 日的 PM$_{2.5}$浓度空间分布作为圈定"2+26"城市PM$_{2.5}$重点关注网格的参考数据(图 6-14)。

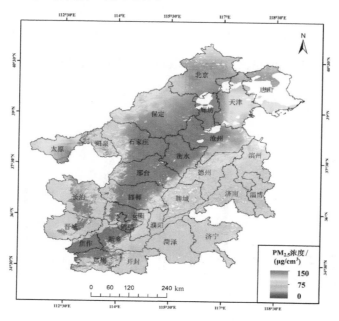

图 6-14 2018 年 3 月 12 日"2+26"城市 PM$_{2.5}$遥感监测分布结果

如图 6-14 所示，3 月 12 日"2+26"城市地区的 PM$_{2.5}$ 浓度高值区主要分布在北京、天津西部、廊坊、沧州、保定、石家庄、衡水、邢台、邯郸、安阳、鹤壁、新乡、焦作和郑州等城市。按行政区划统计这 28 个城市的 PM$_{2.5}$ 区域平均浓度，结果表明焦作的 PM$_{2.5}$ 平均浓度相对最高，济南、淄博、菏泽等地的 PM$_{2.5}$ 平均浓度相对较低（图 6-15）。

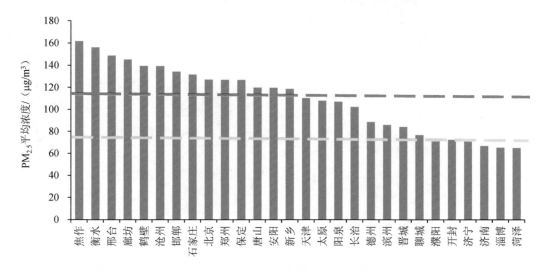

图 6-15　2018 年 3 月 12 日"2+26"城市 PM$_{2.5}$ 遥感监测统计结果

注：黄色虚线和红色虚线分别是 PM$_{2.5}$ 浓度为达标（75 μg/m³）和轻中度污染（115 μg/m³）分界线。

根据统计结果（图 6-15），选取 PM$_{2.5}$ 平均浓度超过 115 μg/m³（达中度污染水平以上）的城市（分别是焦作、衡水、邢台、廊坊、鹤壁、沧州、邯郸、石家庄、北京、郑州、保定、唐山、安阳、新乡）作为重点关注网格，并结合高分二号等高分影像，通过人机交互解译剔除工业用地面积占比较低的网格，最终共选取 600 个重点关注网格（图 6-16、图 6-17）。

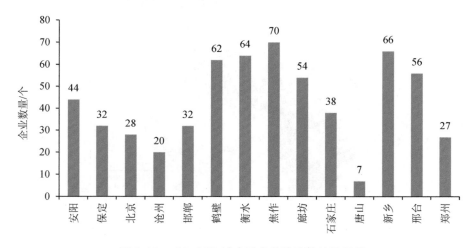

图 6-16　"2+26"城市重点关注网格统计结果

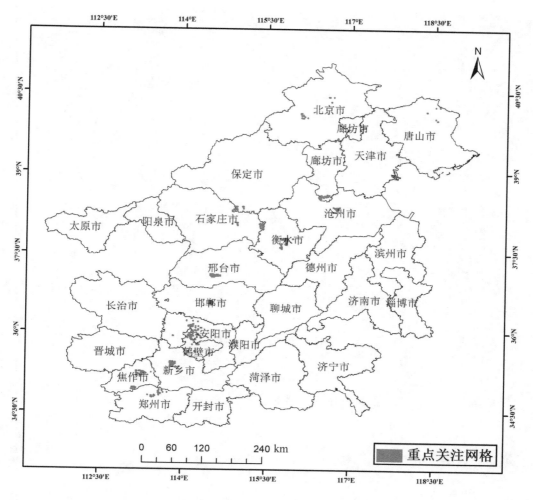

图 6-17　"2+26"城市重点关注网格空间分布情况

　　从重点关注网格的空间分布情况来看，其主要分布在建成区（如衡水、邢台、邯郸等地）及其周边地区或者行政区划边界附近（如保定、廊坊、石家庄等地），建成区及其周边地区主要受到一些大型企业生产排放的影响，而行政区划边界附近主要受到一些"散乱污"企业的影响，这与"散乱污"企业制造业问题突出、严重影响大气环境质量的结果较为一致。

　　结合高分影像，采用目视解译的方法对重点关注网格的地物类型进行初步核验分析，结果如图 6-18 所示。

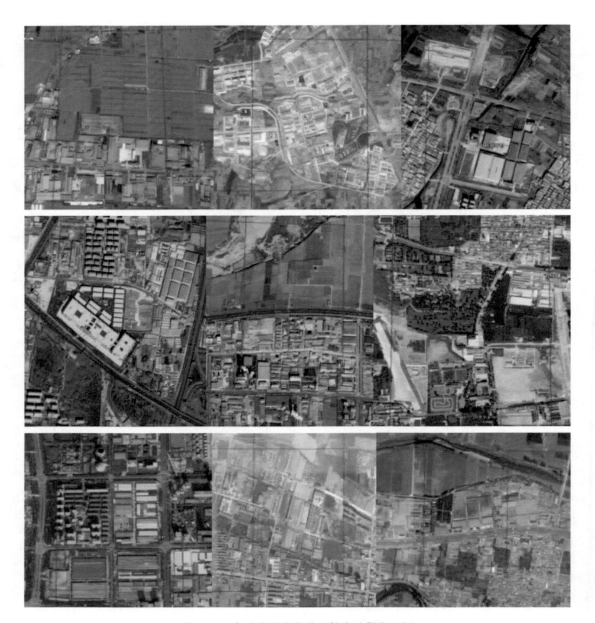

图 6-18　各城市重点关注网格高分影像示例

　　从依据上述高分影像判别重点关注网格单元的土地利用情况来看，基本上重点关注网格内或者附近均密集分布有大量的企业厂房，这说明 "2+26" 城市中企业生产对 $PM_{2.5}$ 浓度的影响较大，应作为环境监管和督查的重点关注对象。

6.4 "散乱污"企业筛选应用示范

6.4.1 京津冀及周边地区

1. 筛选过程与结论

为支撑国家《打赢蓝天保卫战三年行动计划》中"散乱污"企业及集群综合整治行动和生态环境部的大气污染防治强化监督帮扶工作，基于 2019 年第一季度卫星遥感监测的 $PM_{2.5}$、污染气体结果，对京津冀及周边地区"2+26"城市的重点关注网格进行了提取，并在此基础上，根据高分数据的获取情况，选取天津、郑州、开封、焦作、新乡、鹤壁、濮阳、长治、晋城、聊城共 10 个城市开展了"散乱污"企业筛选。

首先，基于 2019 年第一季度京津冀及周边地区天津、郑州、开封等 10 个城市卫星遥感反演的 $PM_{2.5}$ 浓度、NO_2 柱浓度、SO_2 柱浓度结果（图 6-19），提取出每个城市的污染高发指数区域（图 6-20），形成 1 km×1 km 重点关注污染网格（图 6-21），并在重点关注污染网格内，基于 YG24 高分数据（190 GB）初步识别出"散乱污"企业图斑 575 处（图 6-22）。

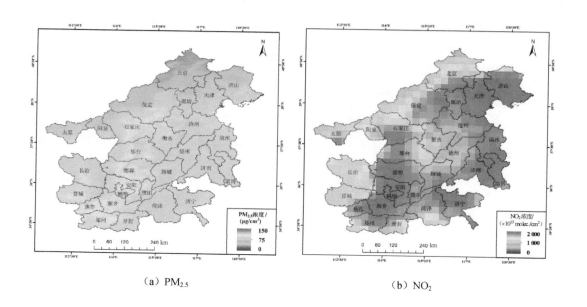

(a) $PM_{2.5}$　　　　　　　　　　　　(b) NO_2

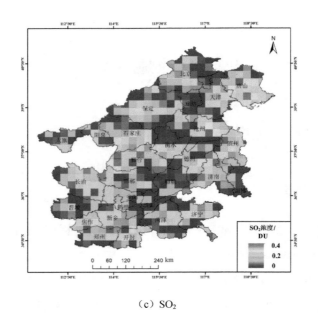

（c）SO$_2$

图 6-19　2019 年第一季度京津冀及周边地区污染物浓度分布

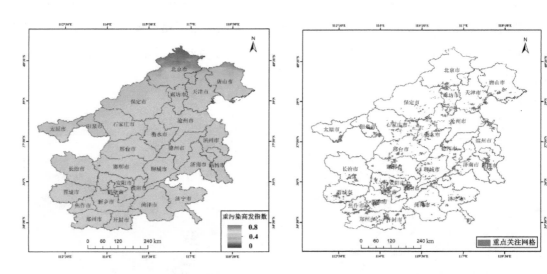

图 6-20　2019 年第一季度京津冀及周边地区　　　图 6-21　2019 年第一季度京津冀及周边地区
　　　　　污染高发指数分布　　　　　　　　　　　　　　重点关注网格分布

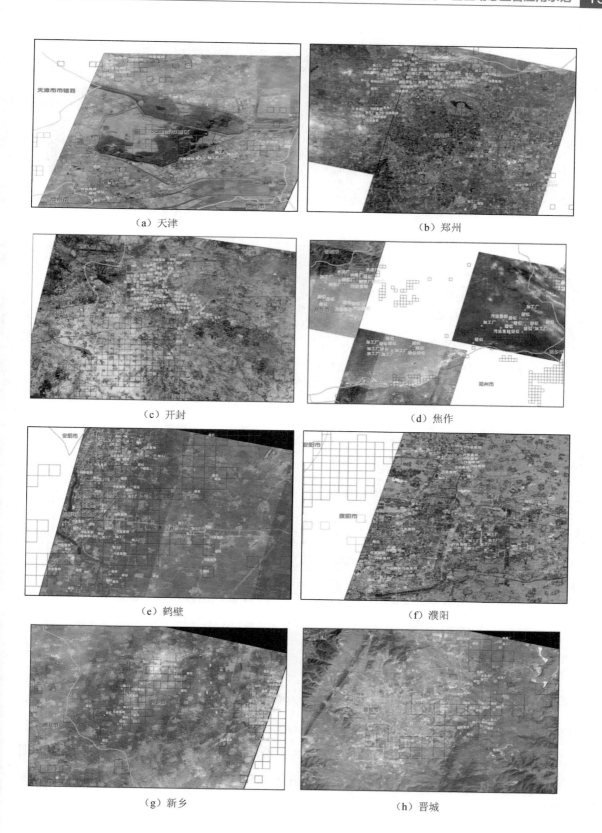

（a）天津

（b）郑州

（c）开封

（d）焦作

（e）鹤壁

（f）濮阳

（g）新乡

（h）晋城

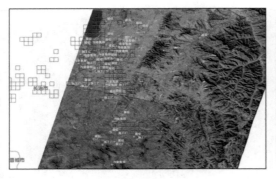 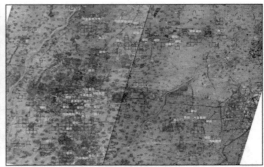

（i）长治　　　　　　　　　　　　　　　（j）聊城

图 6-22　疑似"散乱污"企业图斑分布（图中绿点为点位）

其次，结合近 10 万条大气污染物排放清单数据，排除已有的固定源。

最后，基于京津冀及周边地区的"散乱污"企业清单，识别出"散乱污"企业清单内依然存在的企业（79 处）与新发现的疑似"散乱污"企业及集群（200 处），完成了"散乱污"企业的精细化判别工作（图 6-23）。

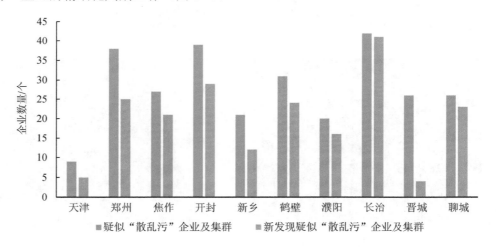

图 6-23　2019 年第一季度京津冀及周边 10 个城市遥感识别疑似"散乱污"企业及集群统计

至此，可以得出以下主要结论：

一是卫星遥感监测表明，2019 年第一季度京津冀及周边地区"2+26"城市的 $PM_{2.5}$ 平均浓度为 65.59 μg/m^3，NO_2 平均柱浓度为 1 632.37×10^{13} molec./cm^2，SO_2 平均柱浓度为 0.21 DU，这 3 项指标均高于长三角地区、汾渭平原 2 个重点区域；与 2018 年同期相比，$PM_{2.5}$ 浓度、NO_2 平均柱浓度分别上升了 8.52%、13.95%，SO_2 平均柱浓度未发生明显变化（表 6-1）。

表 6-1 2019 年第一季度 10 个城市及疑似"散乱污"企业所在网格 PM$_{2.5}$ 浓度统计

单位：μg/m^3

城市	2018 年第一季度	2019 年第一季度	城市 PM$_{2.5}$ 平均浓度变化（2019 年）	新发现疑似"散乱污"企业所在网格 PM$_{2.5}$ 平均浓度变化（2019 年）	浓度变化差*
天津	55.65	61.74	6.09	7.11	1.02
郑州	71.64	79.68	8.03	14.11	6.08
开封	67.44	69.93	2.48	11.18	8.7
焦作	75.56	81.40	5.84	8.10	2.26
新乡	69.53	74.00	4.47	5.12	0.65
鹤壁	68.31	76.67	8.36	8.28	-0.08
濮阳	63.79	70.81	7.02	9.27	2.25
长治	58.67	61.62	2.95	4.76	1.81
晋城	60.79	65.64	4.85	7.01	2.16
聊城	66.68	70.60	3.92	7.21	3.29

*注：浓度变化差等于新发现疑似"散乱污"企业所在网格 PM$_{2.5}$ 平均浓度变化减去城市 PM$_{2.5}$ 平均浓度变化。

二是京津冀及周边地区"2+26"城市的污染高发指数高值主要分布在石家庄中部、邢台南部、邯郸中部、郑州北部和东部、焦作东南部和西部、新乡南部、鹤壁中部、安阳中部、晋城南部等地。

三是京津冀及周边地区"2+26"城市共获取重点关注网格 2 784 个，共解译获取天津、郑州、开封等 10 个城市疑似"散乱污"企业图斑 575 处，去除大气污染物排放清单的固定源企业后，提取疑似"散乱污"企业及集群 279 处，其中新发现疑似"散乱污"企业及集群 200 处。

四是统计结果表明，与 2018 年同期相比，2019 年第一季度天津、郑州、开封等 10 个城市中，除鹤壁外的其他 9 个城市新发现的疑似"散乱污"企业及集群所在网格的 PM$_{2.5}$ 平均浓度的升幅均高于所在城市 PM$_{2.5}$ 平均浓度的升幅，浓度变化差在 0.6～8.7 μg/m^3，其中开封和郑州的浓度变化差较大，均超过 6 μg/m^3。经分析，2019 年第一季度京津冀及周边地区大气污染扩散条件较 2018 年同期偏差和"散乱污"企业的无序排放是造成"散乱污"企业所在地环境空气质量下降的两个主要原因。

五是由于"散乱污"企业一般为非正规小企业，且流动性强，应用常规手段监管难度大。因此，迫切需要新技术的支撑，卫星遥感技术具有动态地筛选"散乱污"企业的优势，可为"散乱污"企业动态监管提供有力的技术支撑。

2. 地面核查结果

2019年6月7—10日，在生态环境部生态环境监测司和生态环境执法局的指导下，完成了郑州、开封、晋城3个城市上述疑似"散乱污"企业遥感结果的核验工作。

基本情况：本次核验的郑州、开封、晋城三市疑似"散乱污"企业及集群点位有95个点位，一共有136家工业企业或工地等目标，其中工业企业85家（以中小型为主），工地、仓库、养殖场等其他目标对象51家（表6-2）。

表6-2 疑似"散乱污"企业及集群遥感筛选结果现场核查情况统计

	合计	工业企业（含"散乱污"企业）			其他（工地、仓库、养殖厂等）
		数量	生产中	存在环境问题	
郑州	39	22	14	8	17
开封	46	25	14	11	21
晋城	51	38	18	7	13
合计	136	85	46	26	51

发现问题情况：在核验的95个点位附近发现的企业一般为中小企业，发现问题点位31个，主要问题类型为无组织排放（切割、喷漆、电焊等）、新增生产线无环评手续、无粉尘和废气收集处置设施、污染治理设施未正常使用等。

"散乱污"企业核实情况：现场核查到"散乱污"企业12家，其中4家为新发现、1家为"死灰复燃"（废铁回收站）、1家为整改完成（沙场）、6家已取缔。已取缔的6家"散乱污"企业现场已达到"两断三清"的要求，说明近期当地政府对"散乱污"企业开展了有效的整治措施（表6-3）。

表6-3 "散乱污"企业现场核查统计

	"两断三清"	"死灰复燃"	整改完成	新发现	合计
郑州	4	0	0	3	7
开封	0	0	0	1	1
晋城	2	1	1	0	4
合计	6	1	1	4	12

（1）郑州"散乱污"企业核查示例

在对郑州某一点位进行现场检查（图 6-24）时，该点位存在多家建筑管材租赁场地（高峰时期有上百家），无营业执照，环境恶劣，随处可见油漆、涂料桶，部分场地有切割钢管的切割机、电焊设备，均无任何尾气、粉尘收集设施。

图 6-24 郑州新发现"散乱污"企业典型示例

（2）开封"散乱污"企业核查示例

开封核查点位——尉氏县存才养殖合作社（图 6-25）在现场检查时发现，厂区内存在"散乱污"企业，该企业当时未生产。发现问题：①该企业现场无负责人，无营业执照、厂名，属于"散乱污"企业；②企业露天堆存大量粉末状黑色晶体（疑似金属粉、煤炭）；③企业露天堆放大量矿石矿渣；④企业现场有一台破碎机、一台疑似粉碎加工机器，且机器连接电，企业有生产记录。

图 6-25　开封新发现"散乱污"企业典型示例

（3）晋城"散乱污"企业核查示例

核查晋城某一点位（图 6-26）时，该点位东南是已经取缔的废铁回收站，现场检查发现该回收站场地内有回收的废品、收购运输工具等，仍然具备生产经营条件。

图 6-26　晋城新发现"散乱污"企业典型示例

6.4.2　汾渭平原地区

为支撑生态环境部蓝天保卫战重点区域强化督查在汾渭平原的督查工作，基于 2018 年上半年卫星遥感资料，对汾渭平原的热点网格及疑似"散乱污"企业进行了筛选分析，共提取疑似"散乱污"企业 554 处（含疑似"地条钢"企业 2 处）。基于 2018 年上半年汾渭平原卫星遥感数据（MODIS）的 $PM_{2.5}$ 浓度反演结果（图 6-27），首先提取了汾渭平原 $PM_{2.5}$ 浓度较高的前 1%网格（约 1 500 个）；其次与每个城市中 $PM_{2.5}$ 浓度排名前 100 位的网格（约 1 100 个）进行合并、筛选，形成 1 km×1 km 热点网格（2 032 个）；最后根据热点网格分布情况（图 6-28、图 6-29）获取了临汾、运城、渭南、洛阳、晋中、吕梁、铜川 7 个城市有效的遥感系列高分数据源共 16 景（数据量共 200 余 GB），开展"散乱污"企业的精细化判别工作，判别筛选出疑似"散乱污"企业 554 处（表 6-4 和图 6-30），其中包括专项督查工作中关注的疑似"地条钢"企业 2 处（图 6-31）。

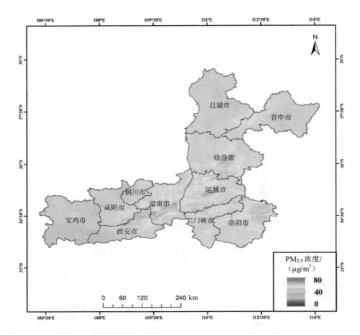

图 6-27　2018 年上半年汾渭平原地区 PM$_{2.5}$平均浓度分布

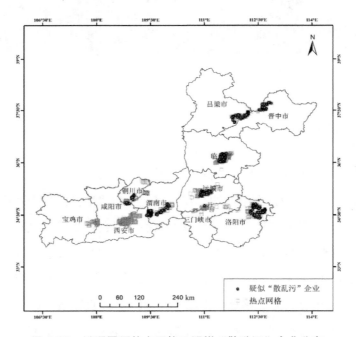

图 6-28　汾渭平原热点网格及疑似"散乱污"企业分布

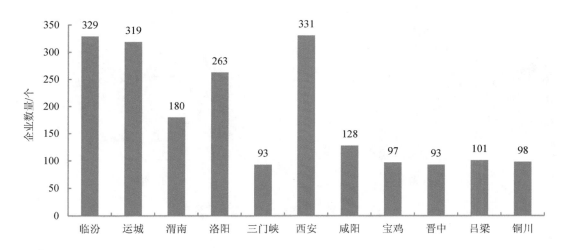

图 6-29　汾渭平原 11 个城市热点网格统计

表 6-4　汾渭平原 7 个城市疑似"散乱污"企业情况统计

序号	城市	疑似"散乱污"企业数量/个
1	渭南	133
2	洛阳	104
3	临汾	100
4	运城	81
5	吕梁	62
6	晋中	54
7	铜川	20

注：西安、宝鸡、咸阳和三门峡四市由于天气原因未获取到有效的高分数据。

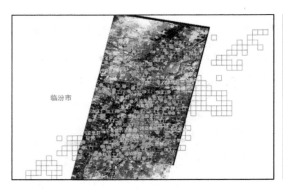

（a）临汾

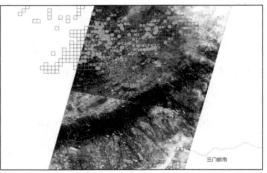

（b）运城

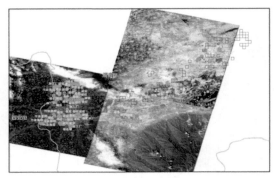 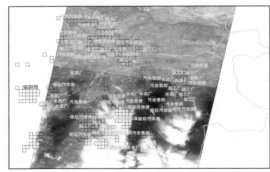

（c）渭南　　　　　　　　　　　　　　（d）洛阳

图 6-30　疑似"散乱污"企业点位分布

（a）晋中　　　　　　　　　　　　　　（b）洛阳

图 6-31　疑似"地条钢"企业遥感监测

至此，可以得出以下主要结论：

一是卫星遥感监测表明，2018 年上半年汾渭平原地区的 PM$_{2.5}$ 区域平均浓度在全国三大重点区域中仅略低于京津冀及周边地区"2+26"城市，平均浓度为 46.5 μg/m^3，该地区 PM$_{2.5}$ 浓度高值主要分布在西安东北部、渭南中南部、运城西北部、临汾中南部、三门峡北部及洛阳东北部等地。

二是汾渭平原 11 个城市中，共获取热点网格 2 032 个和疑似"散乱污"企业 554 处。其中，西安、临汾、运城和洛阳四市的热点网格数较多，分别为 331 个、329 个、319 个和 263 个；渭南、洛阳和临汾等市解译获取的疑似"散乱污"企业图斑较多，均达 100 处以上。

三是针对"地条钢"企业的监管需求，在汾渭平原地区疑似"散乱污"企业的筛查过程中，筛选出疑似"地条钢"企业 2 处，其中晋中 1 处，洛阳 1 处。

6.4.3 "散乱污"企业整治效果评估应用示范

生态环境部卫星环境应用中心利用 2016—2019 年 MODIS、OMI 等卫星遥感数据,结合生态环境部大气环境司提供的 2016 年京津冀地区 10 个城市"散乱污"企业名录(其中邢台的企业因缺失坐标信息,未参加评估)和重点污染源企业资料清单,以 2016 年为基准年,对 2017—2019 年京津冀地区的 PM$_{2.5}$ 浓度及 NO$_2$ 柱浓度、SO$_2$ 柱浓度的变化规律进行了分析(图 6-32~图 6-37),并计算了"散乱污"企业分布地区污染物下降总浓度与全区污染物下降总浓度的比值,据此对 2017—2019 年的京津冀地区"散乱污"企业整治效果分别进行评估(表 6-5~表 6-7)。

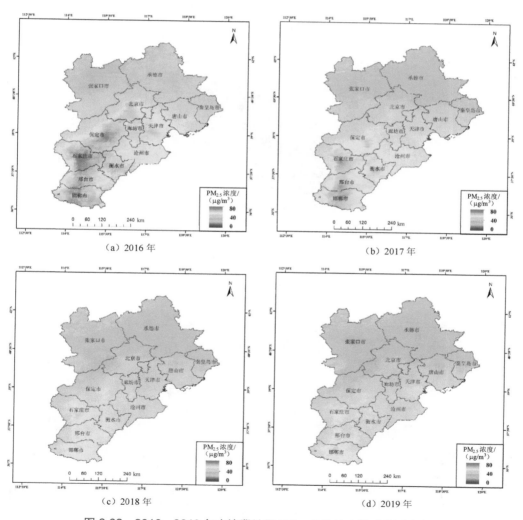

图 6-32 2016—2019 年京津冀地区 PM$_{2.5}$ 年均浓度遥感监测分布

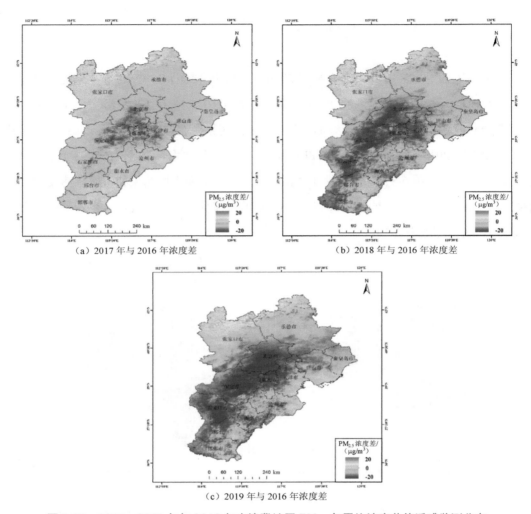

（a）2017 年与 2016 年浓度差　　　　　　　　（b）2018 年与 2016 年浓度差

（c）2019 年与 2016 年浓度差

图 6-33　2017—2019 年与 2016 年京津冀地区 PM$_{2.5}$ 年平均浓度差值遥感监测分布

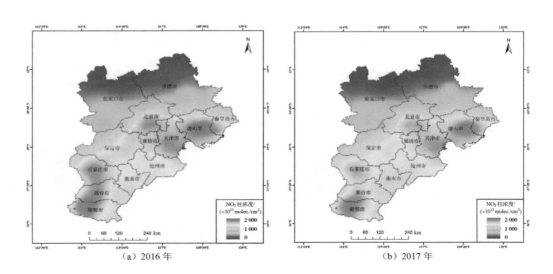

（a）2016 年　　　　　　　　　　　　　　　　（b）2017 年

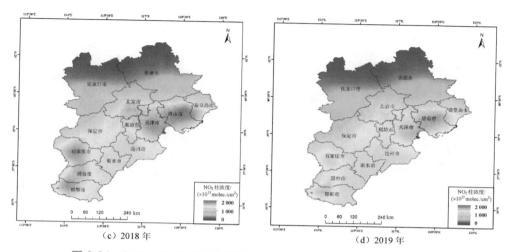

（c）2018 年　　　　　　　　　　　　（d）2019 年

图 6-34　2016—2019 年京津冀地区 NO$_2$ 年平均柱浓度遥感监测分布

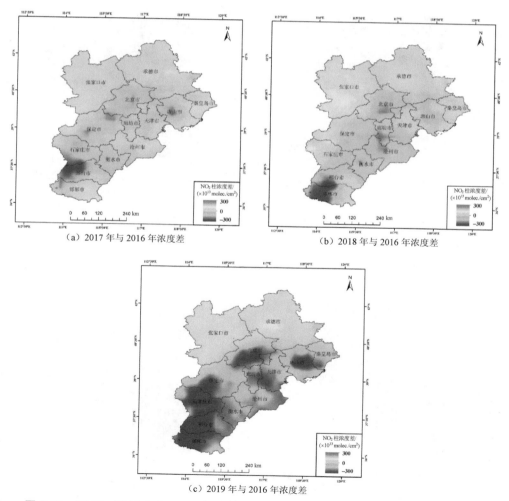

（a）2017 年与 2016 年浓度差　　　　　　　　（b）2018 年与 2016 年浓度差

（c）2019 年与 2016 年浓度差

图 6-35　2017—2019 年与 2016 年京津冀地区 NO$_2$ 年平均柱浓度差值遥感监测分布

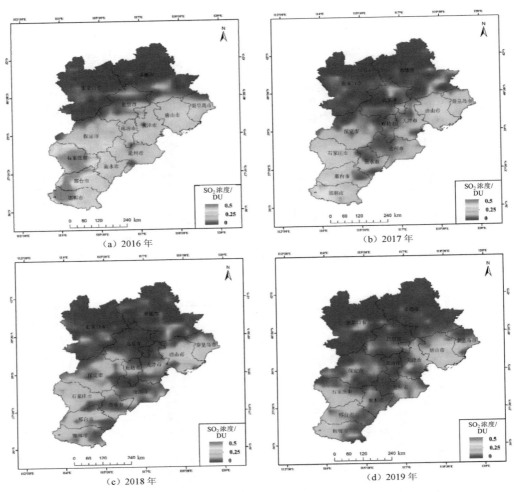

(a) 2016 年　　(b) 2017 年

(c) 2018 年　　(d) 2019 年

图 6-36　2016—2019 年京津冀地区 SO₂ 年平均柱浓度遥感监测分布

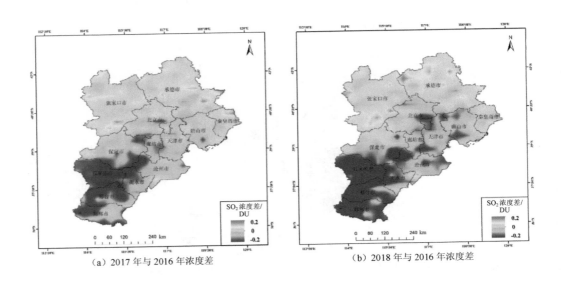

（a）2017 年与 2016 年浓度差　　（b）2018 年与 2016 年浓度差

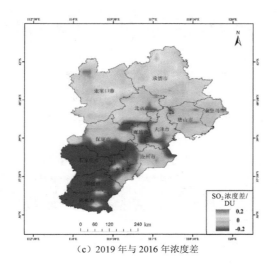

（c）2019 年与 2016 年浓度差

图 6-37　2017—2019 年与 2016 年京津冀地区 SO₂ 年平均柱浓度差值遥感监测分布

表 6-5　京津冀地区 9 个城市 PM2.5 浓度"散乱污"企业整治效果评估　　　单位：%

城市	2017 年 PM₂.₅ 浓度下降贡献率	2018 年 PM₂.₅ 浓度下降贡献率	2019 年 PM₂.₅ 浓度下降贡献率
邯郸	47.31	53.14	52.68
石家庄	52.94	49.80	50.07
廊坊	49.03	49.76	48.65
唐山	29.31	27.66	30.97
天津	27.58	29.47	28.34
衡水	25.87	26.97	25.91
保定	24.42	23.63	22.73
北京	22.07	20.12	21.59
沧州	20.31	19.80	20.99
京津冀	28.93	28.24	28.06

表 6-6　京津冀地区 9 个城市 NO₂ 柱浓度"散乱污"企业整治效果评估　　　单位：%

城市	2017 年 NO₂ 柱浓度下降贡献率	2018 年 NO₂ 柱浓度下降贡献率	2019 年 NO₂ 柱浓度下降贡献率
邯郸	41.00	58.85	57.17
石家庄	42.61	69.48	54.75
廊坊	48.95	48.66	50.48
北京	23.34	31.18	31.96
唐山	30.62	29.40	30.70
天津	27.11	23.68	27.10

城市	2017 年 NO$_2$ 柱浓度下降贡献率	2018 年 NO$_2$ 柱浓度下降贡献率	2019 年 NO$_2$ 柱浓度下降贡献率
衡水	26.00	28.51	26.70
保定	23.77	37.87	23.58
沧州	20.84	20.74	19.05
京津冀	24.56	32.21	29.76

表 6-7　京津冀地区 9 个城市 SO$_2$ 柱浓度 "散乱污"企业整治效果评估　　　单位：%

城市	2017 年 SO$_2$ 柱浓度下降贡献率	2018 年 SO$_2$ 柱浓度下降贡献率	2019 年 SO$_2$ 柱浓度下降贡献率
邯郸	50.04	51.99	50.26
廊坊	50.67	51.30	49.38
石家庄	48.22	50.09	47.24
唐山	22.05	24.51	29.78
保定	30.94	34.69	29.15
北京	44.84	23.38	28.45
衡水	25.73	27.06	26.62
天津	27.54	25.13	23.88
沧州	20.60	20.52	19.96
京津冀	28.85	29.81	29.44

至此，可以得出以下主要结论：

一是卫星遥感评估结果表明，3 年来京津冀地区 "散乱污"企业的整治工作对持续改善环境空气质量作用效果明显，且近 2 年力度稍有加强。2017 年、2018 年和 2019 年 3 年来京津冀地区 "散乱污"企业整治工作对区域 PM$_{2.5}$ 浓度及 NO$_2$ 柱浓度、SO$_2$ 柱浓度下降有重要贡献。以 2016 年为基准年，3 年来 "散乱污"企业整治对京津冀地区的 PM$_{2.5}$ 浓度下降的贡献率基本相当，分别为 28.93%、28.24% 和 28.06%；近 2 年（2018 年、2019 年）较 2017 年对 NO$_2$ 柱浓度、SO$_2$ 柱浓度的下降贡献率有所上升，2019 年较 2018 年略有减少，其中对 NO$_2$ 柱浓度下降的贡献率分别为 24.56%、32.21% 和 29.76%，对 SO$_2$ 柱浓度下降的贡献率分别为 28.85%、29.81% 和 29.44%。

二是从 2017—2019 年京津冀地区参与评估的 9 个城市的具体情况来看，3 年来 "散乱污"企业整治对邯郸、石家庄的 PM$_{2.5}$ 浓度和 NO$_2$ 柱浓度的下降贡献作用最大，贡献率分别在 47%～54% 和 41%～70%，对其他城市的贡献率分别在 19%～50% 和 19%～51%；对邯郸、廊坊的 SO$_2$ 柱浓度下降贡献作用最大，贡献率在 49%～52%，对其他城市的贡献率在 22%～51%；对沧州 PM$_{2.5}$ 浓度、NO$_2$ 柱浓度和 SO$_2$ 柱浓度的下降贡献作用最小，贡献率均在 19%～21%。

SAN LUAN WU QIYE YAOGAN
DONGTAI JIANGUAN JISHU JI YINGYONG

中国环境出版集团

中国环境出版集团
天猫旗舰店

ISBN 978-7-5111-5099-8

定价：86.00 元